與自然相遇的人

范欽慧◎著

晨星出版

【序文】

「自然筆記」的美麗與哀愁

范欽慧

凡事似乎都有一個起點。幾年前，我在希臘的小島上，遇見一個盲人團體，當時有一群明眼人隨侍在側，並為他們沿途解說。印象最深的一幕，就是當他們走到島上最美的山頭時，我無意看到這群盲人的臉上，正泛著一種平靜安詳的光彩。為了貼近他們的感受，我閉上雙眼，仔細聆聽周遭的聲音，有海濤，有鳥鳴，還有溫柔的解說話語，我忽然發現，有時單純透過聲音的詮釋，反而有一種更動人的張力。

幾年後，我製作了一個以環境教育為主題的廣播節目——「自然筆記」，開始用聲音為自己的家園作記錄。為了要蒐集各種動人的故事，以及自然界的天籟，我帶著Sony專業型錄音機繞著全省跑，讓我的觸角，透過指向性麥可風，延伸至所有讓我好奇的人事物。

在過去一年的時間中，我採訪了超過兩百位的動植物學家、生態學家、教育文化工作者，並走遍山林，蒐集了各種蟲鳴鳥叫聲。對我而言，最大的收穫，不光是對於自然生態的辨識能力大有展進，更是讓我在許多人身上，看到了樸實執著的靈魂，他們正在台灣的各個角落，默默地為這片土地留下珍貴的記錄與見證，他們不僅活出了生命的尊嚴，更創造出人與環境之間所應追求的「價值」。

事實上，我們正處於一個「價值錯亂」的時代。由官場文化的錯誤示範，到一些公眾媒體的聳動聽聞、推波助瀾，都是讓這個社會走向低俗、功利、自私的主要源動力。而「尊重、關懷、珍惜、感謝」等美好善良的聲音，總是被犧牲於商業利益之外，而大環境也總是傳達各種令人絕望與不快樂的理由，卻沒有告訴我們如何去創造與改變。

一切的源頭，就在於我們還沒有從文化的層面，深入去思索人與土地之間的「關連」。我們不知道為什麼要去關懷其他的生物，就如同我們也不懂為什麼要去保護文化資產一樣。我們找不到充分的理由，來對此付諸行動與努力。這些盲點，正是所有教育工作者，應該趕緊去彌補的部份，也正是我想透過「自然筆記」，去尋求的答案。

環境倫理的重建，應該是現代人最需面對的主題。但是在導入這樣嚴肅的思考之前，建立起應有的「認識」，應該是教育的第一目標，因為沒有足夠的認識與接觸，又如何對這片土地產生情感呢？

所以，「自然筆記」嘗試用感性及柔性的訴求，來帶領聽眾透過聲音一同去發現台灣之美，一起去認識這些不放棄的人，讓我們在山林之間找回那些失落已久的純真與樸實，讓我們的心地，在與萬物對話的過程中，變得更加柔軟包容。

我有幸能站在第一線，將我的感動，透過「自然筆記」的特定頻率，傳達給恰好接收到這份感應的人，並在此過程中，豐富了自己的生命。

每次回家，當我把那雙風塵僕僕的登山鞋塞進鞋櫃時，總會不經心地看到一旁閒置已久的高跟鞋，被薰得灰頭土臉的樣子。昔日好友同情起我那日漸黝黑的皮膚，卻不知那是任何美白霜所不能帶來的「厚實幸福」感受。然而當我浸淫在自然觀察的喜悅同時，一種更深沈的壓力，卻無時無刻不在提醒自己更重要的責任。

我想起那年希臘山頭的故事。如果透過「自然筆記」，我已善盡解說的角色，讓這些視而不見的「盲」人（忙人），能親身感受與環境互動的愉悅，那麼我更期待，在那抹微笑的背後，能引起更實際的行動力，讓更多的人，得以從這片令人哀愁的土地上，找到了美麗的生機。

（第一屆永續台灣報導獎得主創作感言——聯合報1998年7月30日）

Contents

輯一 大地足跡

輯二 俯仰綠野的人

輯一

大地足跡

生活在台灣這片美麗的島嶼上，
每個季節都有不同的生物登場，
展現獨特的生命力，
等待我們去發現、去欣賞。

1997.09.07

季節物語

生命中有許多偶然，但是「大自然」對我們決非偶然，它持續影響我們；就算是一位每天朝九晚五的上班族，也會因爲颱風而不必上班，也會擔心自己所住的房子會不會是下一個林肯大郡。然而在我們成長的受教育過程中，自然環境教育幾乎是長期缺席的。我們看不到也聽不到周遭四季的變化，不是因爲它們不存在，只因爲我們從來沒有眞正去認識它們。

生活在台灣這片美麗的島嶼上，每個季節都有不同的生物登場，展現獨特的生命力，等待我們去發現，去欣賞。九月的今天，有著剛換季的清新，也保留著來自上一季的記憶。今晚，我決定要去拜訪來自於夏日的歌手——莫氏樹蛙，並且欣賞牠獨特的唱腔。

莫氏樹蛙之夜

莫氏樹蛙是台灣的特有種，只有台灣才看得見，牠分布的地方很廣，整個台灣都可以看到。這個季節裡，我們在溪頭的菇婆芋葉上，總能發現牠三、四公分長，很可愛的身影。

專門研究莫氏樹蛙的台大動物研究生葉雯珊，巧妙地描繪莫氏樹蛙的叫聲，她說：「記得有一次我要去屏東找莫氏樹蛙，當時我就知道牠一定藏在一棵樹下，然後我們很努力的挖土，差一點連根拔起，但是就在我們放棄要掉頭走的時候，牠居然大叫起來，那種連串的鳴叫，好像在嘲笑我們一樣，當時眞的很糗。」

莫氏樹蛙背部是綠色的，但是也會隨環境有所改變。牠的瞳孔周遭的虹彩爲橘紅色的，從海邊到兩千五百公尺的山區都會發現牠，所以非常普遍。

葉雯珊在研究的過程中，發現環境變化對青蛙的影響眞的很大，她說莫氏樹蛙是一個大環境的指標，我們要好好的保護自己的環境，這樣我們的孩子孫子才能聽到青蛙叫，欣賞到青蛙的可愛。

秋之花語

除了認識莫氏樹蛙之外，最近當我走過台北市的敦化南路，從信義路往和平東路的方向，我發現台灣欒樹的黃色花朵已漸漸展開，它們是這個季節的漂亮寶貝。九月的台灣欒樹讓秋色顯得份外溫柔明亮，也給予我們好心情的理由。

此外，野薑花也在秋天的溪水邊，暗香浮動。《野花三百六十五天》的作者張碧員，十分喜歡野薑花，她說：「野薑花在南部又稱爲蝴蝶花，它的花期很長，大家在溪邊看到它，不但可以欣賞它美麗的花，還可以玩它花朵下面的綠色小苞片，把它對折放在口中一吸，還會發出啾啾聲，而且你的口中會覺得很清香。」

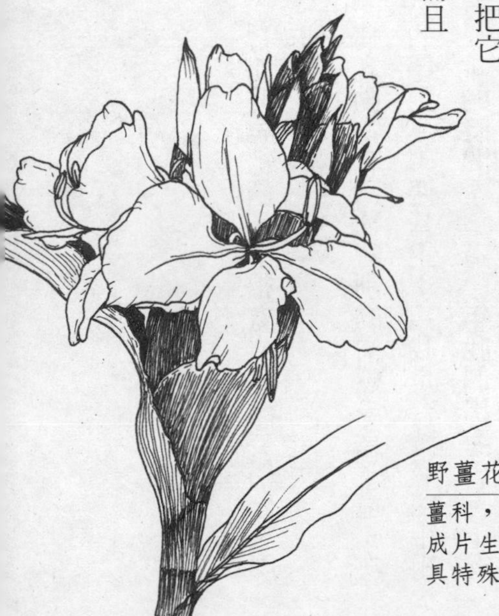

野薑花 Butterfly ginger

薑科，*edychium coronariun*，穗花山奈別名。
成片生長於低海拔山區或平地水邊，花朵純白色，具特殊清香，花期5至12月。

邂逅殺人鯨

除了學習認識不同的物種之外，還要學習如何與牠們和平相處。海洋文學作家廖鴻基就曾經有過與巨大的物種——殺人鯨，面對面接觸的經驗。

海洋文學作家廖鴻基，對於這群海中的哺乳動物有一種特別的情感，爲了這一次相遇的緣份，廖鴻基用生命去描繪他對自然的感動。廖鴻基說：「我是台灣尋鯨小組的負責人，我在海上尋找海豚、鯨魚已經有一年的時間了。這一年我們出海有五十五個航次，我們發現鯨魚、海豚的機率是百分之九十二點七，比較精彩的是那天看到俗稱殺人鯨的虎鯨，我們在海上有兩個小時是在一起。那天我們本來準備回港，後來遠方出現水霧，我發現是一群虎鯨，牠們一直衝向我們，幾乎要碰到；但是牠們就在船邊表演了各種動作，整個過程碰都沒有碰到我們。我覺得牠很高貴，與殺人鯨接觸的經驗讓我非常感動……。」

廖鴻基說，看到殺人鯨的同時，也可以看到花蓮的海岸山脈；在台灣，我們大部份的人比較缺乏勇氣；事實上，只要我們再跨出另一個領域，用不同的角度來看待自己，絕對有不同的收穫。

這種與鯨魚海豚接觸時的感動，就是心靈改革。

雖然生活在島嶼上的我們，沒有太多的機會和這樣巨大的動物相遇，但是我相信任何物種在牠生存的環境中，都能充分展現出生命原有的尊嚴；而一個多元價值的時代，就是要學習如何跟不同的生物和平相處。

走進大自然的過程中，我們要學著去認識一些植物、動物，使得自己更「耳聰目明」，生活得更樸實自在。在這個方位上，我不但更能領略大自然之美，也變得越來越自在、快樂。不論是莫氏樹蛙、野薑花、台灣欒樹、殺人鯨，總是這個季節最大的驚喜。

1997.09.14

理性與感性

曾經有一位逃離城市的人說：「記得那天，我就在一片蟲鳴鳥叫聲中慢慢甦醒，我獨自走進了一片戶外的樹林裡，那天陪伴我的，除了麻雀，還有山紅頭與五色鳥……，這種獨處的時刻，帶給我心中難得的平靜。」

我們每一個人的生命中，都需要一些與大自然接觸的獨特經驗。因爲只有在那個時候，人才能跳脫出「自我」的本位，學習運用各種感觀，與天地萬物展開對話。

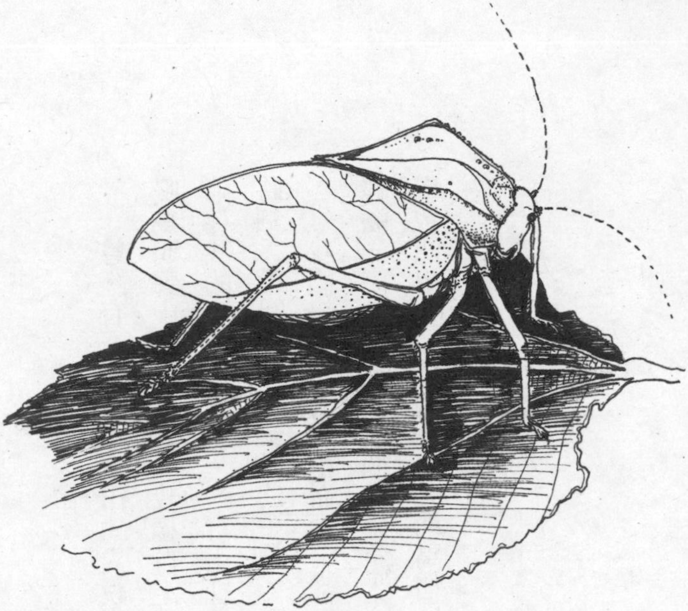

蘭嶼大葉螽蟖

Phyllophorina kotoshoensis shiraki

螽蟴科，大型螽蟴，體長約6cm，綠色，偽裝成葉片狀，頭短，橫寬，散生小點刻，額扁平略向後傾斜。觸角細長，約為體長的1.5倍。前胸背板大型成菱形，向後方延伸，散布大點刻，中央有一不明顯縱線，前翅大，革質木葉狀。後翅發達，可達前翅末端。腹部粗大，略向上彎曲。足具小刺，後足最長。成蟲出現於5至8月間。

秋蟲交響曲

每到秋天，秋蟲便是這個季節閃亮的主角。那天我選擇了一個晚上，放下所有的應酬活動，決定上山和秋蟲約會。

陪我上山的是一位昆蟲專家——徐渙之。而尋找秋蟲的地點，是離北投稻香路大約有三公里的山上，整個晚上，我們發現了眉紋蟋蟀、草蟬、台灣大蝗、螽蟖與台灣大蟋蟀，牠們正在月夜下進行「秋蟲交響曲」。

徐渙之帶著我辨識各種秋蟲的叫聲，其實只要我們熟悉了牠們的聲音，就會發現在這個季節中到處都可以欣賞到這些秋蟲的鳴唱。

其實要記住這些自然界生物的叫聲，是需要一些想像力的。比如眉紋蟋蟀的叫聲和傳統廚房煮飯的灶旁所養的小雞聲一樣，所以老一代的人就稱這種蟋蟀爲灶雞仔，十分傳神。

當我很認眞地認識一些秋天的昆蟲後，我不再詩情畫意地說「秋蟲在呢噥」，而是說：「這隻是眉紋蟋蟀的聲音」。

對於大自然，我開始在感性的「閒情雅趣」中，加入理性的研究精神。因爲理性，才能讓我們抽離一些主觀的情緒，以一種平等的心情去與環境互動。因此，我發現當我眞的認識一些物種時，牠們也開始吸引我，用聲音、用姿態向我招手。

颱風的身世

談起氣象，大家還是關心與自己生活息息相關的颱風，不論是賀伯或是溫妮，它對台灣所造成的傷害，令人印象深刻。生活在海洋台灣，我們不能不認識颱風這種自然現象。那天我特別去請教中央氣象局預報課課長鄭月娥，對颱風的身世進行了解。

鄭月娥說：「颱風是一種對台灣很重要的天氣現象，雖然在西北太平洋地區與中國南海，每年生成颱風的個數是二七．三個，侵台的也不過是三．四個，可是颱風對我們的影響非常劇烈。一個強度颱風的能量，相當於一千個在長崎投下的原子彈爆炸的能量。颱風的生成條件到現在還不確定，不過基本上可分成三個，第一是在熱帶海洋上必須要有一些擾動存在；第二是必須位於南北緯度五度以上；還有，地球海水的溫度必須要高達攝氏二十六．五度，才能有足夠的水氣蒸發，供應颱風所需的能量。但並不是每一個颱風都有颱風眼，強度越強颱風眼會越小越清晰，一般而言，中度以上就可以發現颱風眼。」

其實氣象與我們的生活的確有非常密切的關係，甚至連我們的心情都會受到天氣的影響，而展現出所謂的「高氣壓」與「低氣壓」。當然，嚴重的話還會「刮起颱風」，弄得周遭朋友雞犬不寧。

古城巡禮

生活在台北這個城市中，你有沒有想過首善之都——台北是如何興起的呢？民國八十六年的八月三號，一群想認識台北古城的人，在大自然教育推廣協會古蹟解說員的帶領下，站在車輛川流不息的北門之前，重溫了台北百年多的歷史。

一個人對於一個地方的情感，往往來自於他在此地所擁有的回憶。同樣的，要凝聚一份共同的感情，是需要一些地標來傳承與提醒一些共同的記憶。因此古蹟對於一個城市而言，有著非常重要的意義。因為一個有歷史感的人，才能對自己所住的地方有安定感，眞正達到「安居樂業」，而所有對環境的關懷，正是出自於這份了解吧！

理性與感性

我一直很羨慕那些上通天文，下知地理的人，他們看世界的角度總是比我們更加寬廣，且多了一份理性。中央氣象局預報課課長鄭月娥說，學氣象的人在談戀愛時，比較不會說「我是天空的一片雲」。她每天一出門就可以感受到今天是西南氣流，還是高氣壓環流……，到了辦公室立刻拿起氣象圖，然後興奮地說：「看吧，我就知道。」

有人說理性讓你更有研究精神，但是感性會讓你更快樂，其實面對大自然時，能懷有兩樣的心態，才能更加領略萬物的美好。

1997.09.21

簡單之美

人生，就像大自然的現象一樣，會有雷雨，也會有風暴。可喜的是，彩虹總是伴隨著風雨而來，所以生命中一些起起落落都是必經的過程，能夠接受挑戰的人，才能眞正享受到生命的豐富與喜悅。

大自然總是帶給我們許多生活的智慧。最近讀了一本法國翻譯小說，書名是《種樹的男人》。書中的主角是一位隱居在一片荒蕪高地的牧羊人，他靠自己的力量種出了一片森林，也同時造福了許多人。作者在書中強調一種「不問利益，只堅持理想」的精神。我認識許多愛好大自然的朋友，我往往能從他們的身上看到樸實的靈魂與慷慨的氣度，我想人只要心思單純，意志堅定，自然能展現出生命的豐沛。

簡樸生活

那天早晨，我起了一大早，爲的是走進山林，親近自然，並且和台北市野鳥學會的鳥友們，一起去台北縣坪林鄉的雙峰山區內，展開一段「生態之旅」。就在那裡我遇見了一位資深鳥人——林金雄先生。

一整個早上透過他的引導，讓我認識了各種鳥類，經過這麼幾個小時山林間的洗滌後，當我重回紅塵，心中仍然覺得十分的平靜快樂。我想地球環境需要環保，我們心中同樣需要環保，而親近自然就是心靈環保的第一步。有人說自然教育就是一種人格教育，我相信一個能愛護自然的人也必定是一個健健康康的人。

事實上，許多喜歡與山林爲伍的人，生活都非常簡樸。林金雄就是一個例子；他正職是飯店的出納，但是他已經有二十一年的賞鳥資歷，是一位資深鳥人。林金雄家中的陳設大多是撿回來的，就連植物都是別人拋棄後，他再接手回來照顧，往往這些植物經過他的悉心整理後，株株生氣盎然，綠葉扶疏。而每年過節他所收到的各種賀卡，他都回收重製，再把原先裝賀卡的信封套，細心反黏，不著痕跡地寄給一些親朋好友。事實上，這樣的過程往往不如重買一張來得省事，但是他覺得每一張卡片都這麼美麗，若只是使用過一次不是很可惜嗎？

這種充分利用資源，珍惜萬物的精神是「簡樸」，也是一種「人生態度」。因爲懂得「分享」的人，才懂得「擁有」。一個經常浸淫在大自然中的人，往往透過自然觀察，帶給自己生命極爲深刻的感動，他開始變得更謙卑誠懇，更能放下一些不必要的虛名與負擔，將這份平和愉悅與許多人一起分享。這種價值觀的重建，讓他在減少物質的需求過程中，豐富了自己的生命。

在資本主義的社會中，「減少需求」違背了社會發展的驅進力，但卻是一個人自立自強的原動力。我們常說：「有失必有得」，也許我們可以換一種說法，那就是：「能珍惜才能有所得」吧！

秋天海濱植物

這個禮拜我來到海邊，去看看屬於這個季節的海濱植物。

秋天的海邊，雖然不見夏季戲水的熱鬧人潮，但是卻有許多植物悄悄地登場。海濱，是它生長的地方，也許你過去沒有機會認識它，但是它總是默默爲這個季節貢獻自己的顏色，那天我隨著植物專家簡龍祥的帶領，一起去認識這些海濱植物。

金花石蒜 *Lycoris aurea*

石蒜科，golden spiderlily。
分布台灣北、東部海岸，金黃色花朵，無芳香，花期9至11月。

簡老師從小就生活在海邊，他說：「秋天的海邊，人類已經漸漸地離開了，天氣開始慢慢轉涼，所以到海邊戲水的人潮就會越來越少，但是這個季節的海岸植物依然十分美麗。此時會有一種開著小小紅花的植物，這種植物在野柳岬或是突出的海岸都可以看到，這種植物稱作綿棗兒，若是它不開花大概不易辨認；它開花時非常美麗有點像番紅花，這種植物一開就是一串，屬於百合科的植物。另一種花非常有名，還外銷到日本，開著金黃色的花，就是金花石蒜，和我們看到的孤挺花很像，屬於石蒜科的植物，等到要開花的時候，就會把春天、夏天所蘊藏的能量、養份全部都消耗掉。所以秋天我們來到海邊，我們可以發現這些植物還是在向你招手，它們在告訴你，我來了……。」

欣賞了秋天的海濱植物之後，讓我帶你去認識一位田野記錄者。

黃鼠狼的故事

記得我們小時候所讀過的童話故事中，總有一些動物是比較善良的角色，有些是比較奸詐的角色，黃鼠狼就常常擔當「壞傢伙」的角色。黃鼠狼到底是什麼樣的動物呢？又為什麼人家說「黃鼠郎給雞拜年不安好心」呢？那天我在福山，遇到了一位對黃鼠狼有長期接觸的研究人員，他就是台大動物研究所研究生——翁國精。

翁國精認為黃鼠狼是一種很聰明、學習力很強的動物。而這裡每一隻被追蹤的黃鼠狼都有自己的名字，像有一隻叫「十八標」的黃鼠狼就是在十八標弊案時被捕的；牠通常都會在福山的一個小山坵上被捉到，牠在這裡待很久，大概有九個月，好像是這裡的山大王，每次都抓到牠，所以每次去都好像要去見一位老朋友一樣。

研究野生動物的學者對自己追蹤的動物都有一種特別的情感，黃鼠狼某些行為讓翁國精十分好奇。他說：「我們每次捉到牠們再放掉牠們時，牠們都會對我們望一眼，這是黃鼠狼一種很奇妙的行為……。」

那天當我離開翁國精的研究室時，我不禁回想起他所說的，那黃鼠狼回眸一望的神情……。不知道人類常常認為自己是萬物之靈的說法，是不是太過一廂情願呢？

1997.09.28

找回自己

說起自然筆記，其實歷史上最有名的一本自然筆記，是一百多年前美國作家亨利・梭羅所寫的《湖濱散記》。梭羅曾經在麻州華爾騰湖畔的森林內，自己建了一棟小木屋，在那裡他度過了兩年又兩個月的生活。

他說人類應該儘量減少物質的需求；而減少物質的需求，就能減少工作的時間。他追求的是人類精神文明的進步。他認爲追求利潤、追求物質享受的結果，會阻礙人類精神方面的創造力，使社會顯得淡然無趣。

當然，人類的經濟活動固然關係到社會發展與國家競爭力；但是我們的生活品質，往往在這樣金錢追逐的過程中被犧牲了，甚至還有許多人把金錢當作唯一的信仰。在這種紊亂的價值觀之下，我們是否應該回頭去反省，生命眞正的需求是什麼？我們又如何過得自在而幸福呢？

解讀山坡地

尊重大自然，才能珍惜生命；了解大自然，才能學會如何與自然相處。自從溫妮颱風奪走了許多條生命之後，許多人開始擔心自己住屋是不是安全，針對此問題，台大地質所博士余炳盛就提出了居住在山坡地所需要注意的事項。

首先從地質的角度來看，余炳盛說：「事實上台灣本身是處於很活躍的地質活動區域，我們受到歐亞板塊，與菲律賓板塊在花東地區的碰撞與排擠的影響，因此造成台灣到處都是高山峻嶺，可以居住的地方事實上是非常窄小的，加上台灣人口這麼密集，所以往山坡地發展是勢在必行的。」

那麼是不是所有的山坡地都不能開發？余炳盛覺得並非如此：「台灣除了第四紀的沖積平原之外，往山上的地區都是屬於新世紀的沉積岩，受到板塊運動摺皺造成的。這些摺皺所形成的山脈，不可避免的有順向坡跟逆向坡，林肯大郡發生意外的據點是在順向坡，因此有人說是不是順向坡都不能蓋房子，如果是如此，西部山地可能有一大半不能開發了，」余炳盛解釋。

他特別提出一些必須注意的重點。他說：「任何一件工程在開挖時，要對當地地質有充分研究，仔細調察，工程經過妥善的設計，施工時也不能偷工減料。如果要購買山坡地的房子，而靠山處有檔土牆，在下雨的時候我們最好去看看擋土牆是否有排水出來，若是沒有或是有裂縫時你就要小心了，最好向專業的技師去請教。」

芝山岩的故事

那天我在芝山岩上遇到一群國中生正在聆聽解說的活動……。負責解說的團體就是主婦聯盟。在活動過程中我們認識了一位資深綠人——張希雄。所謂「綠人」就是「自然解說員」。

芝山岩的魅力到底在那裡？爲什麼主婦聯盟這麼積極地想把芝山岩介紹給大家呢？

張希雄說：「芝山岩在一八九六年，也就是在日據時代，有一位日本植物學家島田彌市，他在芝山岩上總共發現了四百一十九種植物。芝山岩很小，它的面積總共才兩萬五千平方公尺，我們如果從南到北走一趟，三十分鐘就走完了；但是這裡所蘊藏的植物種類很豐富，這其中還有一種八芝蘭竹，是全世界只有士林這個地區才生長的。地質上是屬於大寮層；在人文歷史方面，這裡曾經是台灣人與台灣人打架的地

八芝蘭竹 *Bambusa pachinensis Hayata*

別名米篩竹，零散叢生的禾本科小型竹類，台灣特有種，西元1916年由日本植物學者早田文藏於芝山岩發現而採集，並以士林舊名「八芝蘭」命名。分布於台灣北部低海拔山區，尤其是士林芝山岩一帶。植栽可供圍籬、防風林、編織米篩之用。

方，也就是漳泉械鬥的據點。此外，芝山岩上還有一個惠濟宮，是台灣的三級古蹟，祭拜著開漳聖王陳元光，他是唐朝的武將，也是士林地區漳州人的守護之神，所以可由此來了解一些民俗風情，因爲這麼重要，所以陳水扁（台北市長）說聯考一定要考芝山岩。」

然而在我採訪的過程中也發現，許多國中生會到芝山岩來上課，基本原因也是因爲「聯考要考芝山岩」……。

一位男學生說：「我們今天會在這裡是因爲學校要讓我們來觀察生態啊，因爲考試會考到，我們有必要讀到嘛……。」一位女學生說：「台北市長不是說要考一些台北的歷史嗎？很多人都是爲了考試才來這裡的……。」我問她：「如果不考試，妳會不會來這裡？」她回答：「我想我不會，因爲這裡很熱，蚊子又多，所以大家都不會來。」又問：「妳小時候家人有沒有帶妳來過這裡？」答：「從來沒有。」

雖然有像主婦聯盟這麼熱心的團體在爲我們的環境教育奉獻心力，但是檢視我們體制內的教育時，我們無奈地發現環境教育必須變成考題才能被孩子所接受，這樣功利的想法正可反應出成人的價值觀。其實如果孩子在成長的過程中有經過適當的引導，就不會對大自然這麼冷漠。

找回好奇心

找回自己的好奇心是很重要的事。張希雄因爲太太的原因，由一位鎮日忙於交際應酬的生意人，變成了只要有時間就會帶著老婆孩子到戶外跑的新好男人。張希雄說：「我常常晚上都還會拿著手電筒上芝山岩去觀察……。」這種熱情，是需要被引導的。引導的第一步就是要有機會「接觸」。接下來就是「認識」，知道這些物種的形態名字之後，就會跟牠們建立關係。於是每次看到牠們就像是見到了自己的老朋友一樣，到了某一個時間，你就會關心它們是否開花或結果了……。就這樣一步一步地被吸引到另一個「小宇宙」裡，在那裡你會不斷地激發自己的好奇心，也一次次找到自己想要的答案。

其實生活在這個環境中，你應該好奇我是住在什麼樣的地層上，家的周遭種了那些樹，每天飛過我們窗台的鳥是什麼種類的，這些答案都等待你自己去尋找。這份好奇心，是每一個人與生俱來的基本能力，也是一個人快樂的泉源。

1997.10.05

萬物靜觀皆自得

那天，我特別搭著今年才通車的淡水捷運線，想到紅樹林去看看這個季節來訪的水鳥。當我坐在清爽明亮的車箱中，望著窗外流晃而過的城市景色，我感覺台北這個城市正在改變中，有些新的元素加入，有些舊的故事逐漸淡去……。

十年前，我曾經在這同一條線上，和你搭乘著那載滿回憶的淡水列車，許多的故事就在那時展開……。

十年來，我們一起見證著這個城市的轉變，我常想，對於這個陪伴我們成長的地方，我們是不是有能力能讓它變得更加美好呢？

寫真紅樹林

今天我要去欣賞這個季節的紅樹林，和我同行的是《台灣紅樹林自然導遊》的作者——郭智勇，他帶我深入探訪紅樹林的精彩面貌。

郭智勇說：「首先紅樹林看起來是綠色的，為什麼叫作紅樹林呢？有一些我們看起來像榕樹的，主要是因為這種木頭的材心是淡紅色的，像水筆仔這種胎生苗的花是紅的，所以稱作紅樹林。紅樹林是一種統稱，其實可以分成很多種，像在好美寮看到的是海茄苳，它種子的形狀像是我們吃的蠶豆的形狀，跟胎生植物差異很大，它是馬鞭草科的。會長胎生苗的水筆仔是屬於水筆仔科的。全世界紅樹林分布有八十四種，

水筆仔

水筆仔科，熱帶性常綠小喬木，*Kandelia candel Merr*。生長於海水侵入的泥地，氣根伸入泥中，型中「海中森林」。8月間開花，花白色。母株上會長出圓錐形的幼根，翌年6月幼株脫離母樹，插入泥中獨立成長，是為胎生植物。

主要是長在河口軟軟的灘地，像小喬木的植物就可稱爲紅樹林……。除了紅樹林之外，在現在我們可以看到的鳥類以候鳥爲主，我們通稱爲水鳥，像一些鷺鷥，野生鴨子，還有鷗科的，最不好認的就是鷸科鳥類，需要花比較多的心血來觀察。還有彈塗魚也是觀察的目標；另外，數量很多的螃蟹，我們也可以學著如何去辨識這些招潮蟹，也可以獲得很多樂趣。」

此外，觀察紅樹林要有充分的準備才不會入寶山而空手回。郭智勇建議：「要去紅樹林之前，最好研讀一些有關紅樹林生物的圖鑑，還有望遠鏡，放大鏡，盡量輕便；還有採集箱，目的是用來觀察生物，看完之後要將牠們還回自然，不要把牠們帶回去作標本……；還有一定要保持尊重、安靜的態度，這是現代人面對自然的基本涵養。」

海洋紀事——八斗子漁港

選擇了一個秋高氣爽的天氣，從濱海公路往宜蘭方向走，過了海洋大學，就來到了基隆北方的濱海小村——八斗子。

我的朋友柯榮發，本身也是一位海洋影像記錄工作者，那天我和他來到了八斗子，聆聽著他對海洋的印象。

柯榮發回憶著：「我從小鄰居的大哥是跑遠洋漁船，所以從小就對海充滿幻想，還聽說女性不能上船等種種傳說。長大後，我發現台灣漁村正面臨著一些共同的問題，像是青壯人口的外流，以及漁源枯竭，工業污染造成一種惡性循環，還有一些漁民的捕獲方式不當，都使得我們的漁業受到困境⋯⋯。不過，也是有樂觀的一面，像我們最近聽說東海岸有一些賞鯨的活動，就是一些結合著知性的旅遊，將民眾帶往海上，去經歷另一種新鮮的經驗，我想這對漁業是一種新的嚐試吧。不把捕撈當作利用海洋資源的唯一目的，事實上你去認識它，接近它也是很好的經驗，這樣結合著觀光的活動可以讓漁村再度活絡起來，展現出多元的面貌，也是漁業永續發展的一種方式。」

我在一旁記錄著柯榮發與漁村居民的對話，從其中我們可以一窺漁民生活的現況

柯：「你討海已經多久了？」

漁民：「下海有三十多年了，我十五、六歲到現在已經是四十九歲了⋯⋯。」

柯：「在這個漁港內有什麼樣的船？」

漁民：「有抓魚的像小管的，紅目鰱等……。」

柯：「通常這種近海漁船出去作業要多少時間？」

漁民：「如果是抓紅目鰱的，下午出去要到半夜兩三點才回來……，主要是看什麼魚啦，如果是捕小管的要十多天才回來，現在附近都沒什麼魚了……。」

柯：「現在婦女上不上船工作？」

漁民：「很少啦，因爲現在人少嘛，像坪頭那裡就有婦女在抓魚，現在少年的都待在工廠，沒人捕魚了……。」

柯：「現在捕魚最年輕的幾歲？」

漁民：「最年輕的也有三十多了……。」

柯：「是不是會請大陸的船員？」

漁民：「因爲他們工資較低，所以現在很多是找大陸的……。」

台灣的漁村文化正面臨著轉型。事實上，在台灣的東部海洋有一股暖流稱爲黑潮，西部則有另一股海流——親潮從北而下，因爲有這兩種海流的相聚，使得台灣原本擁有非常豐富的漁場。現在，卻捕不到什麼魚了。爲什麼？想想看，我們喜歡捕捉烏魚，尤其喜歡吃烏魚子，把牠們的子嗣都趕盡殺絕了，竭澤而道的後果，使得海洋資源面臨困境。希望生活在這片島嶼的人們，能對周遭的生態保護，有更多思考的空間。

慧眼看世界

郭智勇和柯榮發都是非常優秀的攝影工作者。其實，攝影最大的挑戰就是如何捕捉刹那間的感動。這個過程需要相當的耐心與棄而不捨的行動能力，以及高度的勇氣。透過觀景窗，每個攝影者都在尋求自己關心的焦點。眞正好的攝影者往往具備一雙慧眼，能幫助我們去看到那些不容易見到，或是被遺忘的畫面。

觀察大自然時，其實每一個人都是一位「攝影紀錄者」。所謂「靜觀萬物皆自得」，只要我們用心體會，相信所有景致自然會盡收眼底。學習用各種角度去欣賞事物，那麼片刻的記憶，也可以顯影出恆久的感動。

1997.10.12

珍惜生命

尋找秋天的秋海棠，那種在陽明山附近的步道上經常看到的一種野花——台灣水鴨腳。它的葉片就像鴨子的腳掌一樣，分布在一些低海拔的陰濕闊葉林下，以及流水容易潑濺的地方，它的花是一種帶有淡淡桃紅色的花；在這個季節中，它們有如點點繁星裝飾著秋天的步道兩側，清爽而迷人。生活中到處充滿著驚喜，就等待著我們去尋找了。

台灣水鴨腳 *Begonia formosa*

秋海棠科，formosa begonia，多年生草本植物，又名裂葉秋海棠，分布於台灣北部中低海拔處，喜好於水邊或潮濕地生長,常常一大片的生長，葉形如鴨腳狀，花朵粉紅色,，花期為5月至9月底。

尋找蝙蝠

不知道你是否曾經注意過住家附近晝伏夜出的動物——蝙蝠？爲了要記錄蝙蝠所發出的「超音波」，台大動物系的研究助理王光玉特別準備了一台音頻轉換器，帶著我去台大醉月湖畔偵測這些獨特的聲波。那天大概是在下午五點多，當太陽下山後，有一群「東亞家蝠」就從校園各處竄出盤旋——偵測器就開始發出一串極爲規律的「達達聲」，原來視力不好的蝙蝠就是靠這種聲音來幫助牠辨別方向。

在西方，蝙蝠常被視爲一種邪惡的象徵，著名的吸血鬼就是以此造型。然而在中國的社會中，蝙蝠則搖身一變，成爲「福氣」的代言人。這樣集榮辱於一身的動物到底是何方神聖？台灣哺乳動物權威，同時是台大動物系教授李玲玲就介紹了這種神秘的動物：「西方有一種說法，人對周遭的事物因爲了解才會去愛，因爲愛才會去保護它。相對來講，也會因爲不了解而去怕一種東西，甚至想要毀掉它。蝙蝠就經常處於後者的地位。牠是一種唯一會飛的哺乳動物，飛鼠雖然也是哺乳動物，但是牠不是飛的，而是靠滑翔，由風力來撐著，如果要牠從地面飛起牠是不會的。」

很多人都曾經擔心蝙蝠到底會不會吸血？會不會對人造成傷害呢？

李玲玲解釋：「台灣沒有吸血蝙蝠，全台灣蝙蝠有二十二種，其中只有一種是吃水果的，就是原產於綠島的台灣狐蝠，除此之外，我們發現其他都是吃蟲的，而且在農業區都是有害的昆蟲，其實蝙蝠對我們是有益而無害的。」

李玲玲十分感嘆我們生活的環境已不容易看到這種哺乳動物了。她說：「我們過去經常聽說有蝙蝠洞，但是現在都看不到蝙蝠了，主要是民眾太好奇了，想看蝙蝠但是牠們又不出來，就會拿鞭炮向裡面丟。我們要知道蝙蝠對自己棲所選擇是很謹慎的，如果受到干擾，牠很可能會放棄這個地方。」民眾往往一時的興起，卻對自然環境造成傷害，有的時候，愛之足以害之。

侏儒抹香鯨迷航記

那天中午，有民眾發現了三隻侏儒抹香鯨在基隆港內徘徊，沒有人知道牠們為什麼會在這裡出現，也沒有人知道該如何幫助牠們回到大海去……。

第二天，我向基隆港領港員徐石市詢問這些鯨魚的下落，徐石市回答：「這些鯨魚就在浮桶那裡游來游去，這個港口就只有防波堤外兩百米的出口嘛，從那裡游進來，牠很難逃出去啦，也有叫港警來把牠們驅離……。」

整個早上我一直在小艇碼頭尋找牠們的下落。到了下午，我來到另一個碼頭，看到了一隻不幸罹難的侏儒抹香鯨，正趕著送去被解剖，負責援救的中華民國山難搜救總隊，分隊長黃林育說明了當時拯救的情況：「因為今天早上浪費許多時間在出入於東十二號碼頭的管制區，所以在早上十點二十分周蓮香教授進入了東十六號碼頭，當時已經失去了好長一段救援時間。當周教授一到，我們就開始分配工作，起先還可以看到這些鯨豚在海上悠遊，過了幾分鐘後又不見了。到了十一點多時我們就把船派出去，延著外港往基隆火車站的方向，一路蒐尋，到了一點才把牠們網住，可惜有一隻鯨魚就在我們蒐救的過程中失去了生命……。」

雖然許多人都希望能幫助這三隻侏儒抹香鯨重回大海，但是不論是在技術或是觀念上，都還有不足的地方，針對這點，台大動物系周蓮香教授認為我們還需要繼續努力。

周蓮香說：「今天的救援工作對我們是十分具有考驗性的，因為這種侏儒抹香鯨是比較害羞隱密的。另外牠們是在港警所內，水滿深的，對我們最困難的是如何把牠們抓起來運出去；因為如果要靠牠們自己去尋找出路機會很低，這裡船多噪音多，都會干擾牠們。所以在種種考量之後，我們透過漁民用網子捕撈，由於人力較少所以我們選擇流刺網來試，結果一隻上來我們奮力解開網後，不知是否受到驚嚇，還是原本受傷過重就這樣失去了，實在很遺憾……。」

這次救援工作雖然失敗，卻提供了寶貴的學習經驗。未來如何能讓這些受困的動物能安全地重回自己的家園，我想首先港務單位應儘量方便救援團體，縮短他們的救援時間；另外，救援技術也有許多方面需要被克服的。希望未來這樣不幸的事件，能在我們的關心下逐漸減少……。

人道精神

黃林育原本的工作就是「救人」。從山難到空難，各種重大意外事件，總是看到這些搜救人員最先到達現場。可貴的是，他們大多都是義工，黃林育在成爲搜救總隊的成員前，更當過十多年的義務消防隊員，這些出生入死的經驗是一般人所無法體會的，黃林育說：「救援工作可以使我們更珍惜生命。」

這次黃林育的救援對象，從人擴展到另一種哺乳動物——鯨魚。雖然最後還是失去了一條生命，但是過程中奮力的精神絕不輸於救人，在我看來，這也是一種「人道精神」，以人的角度及方式來關心其他的生物，出發點都是「珍惜生命」。他們的精神值得敬佩，更值得學習。

1997.10.19

萬物眞相

對於許多人而言，生活在都市中最常接觸的動物大概就是狗了。可能你養了一隻狗，牠讓你很快樂，因爲牠很乖很聽話，但是你可能一輩子也沒有眞正了解過牠。喜歡動物的朋友會發現，要照顧動物是一件很不容易的事，有可能的話，最好去翻翻書，或是請教專家，來幫助你了解這種動物的習性。愛護牠就要全心全意地照顧牠，而且一定要有責任感，這是尊重生命的基本態度。

台灣獼猴 *Macaca cyclopis*

獼猴科，formosan　macaque

人類除外，台灣獼猴是台灣唯一的靈長類野生動物，大型台灣特有種。體長36～45公分，尾長26～46公分，體重5～12公斤。頭圓臉平，面頰裸出具頰囊，耳殼小，全身橄欖綠色毛被厚軟，四肢下部及尾端近黑色，尾部粗且長。台灣獼猴為群居性動物，每一猴群均有一隻猴王統轄，帶領著活動、覓食。每年春季為生殖季，一胎一仔。台灣獼猴爬樹能力高超，樹林間為其主要活動區域，日行性，但以清晨與黃昏最為活躍。食物以植物之果實、嫩莖葉為主，偶爾會吃昆蟲。廣泛分布於各海拔山區，棲息環境以濃密之天然森林為主。

認識台灣的孫悟空

前陣子政壇上曾經掀起一股孫悟空的熱潮，加上這個月有一位全球知名的動物學家珍古德博士訪台，猴子似乎是這段日子裡最受矚目的焦點。事實上我們每天走在路上都會看到這些靈長類的動物，牠們分布的地點像是西門町、忠孝東路這些地方，想看到牠們最快的方式，就是找個鏡子看看那鏡中的自己。在台灣除了人類之外，另一種靈長類的動物就是台灣獼猴了。台大動物研究所研究生儲瑞華就要帶我去認識這些「近親」動物。

儲瑞華研究台灣獼猴有三年的時間，地點是在高雄的柴山。她說：「我觀察猴子的時候，常常會覺得我在看自己，因為猴子有些表現與行為組成和人類是很接近的。台灣獼猴是一種群居的動物，主要是由一群雌猴所組成的。這些雌猴若是有親緣關係的，在行為上也比較親密，會互相理毛，而且敵人來了也會互相援助。其實台灣獼猴跟人類的本性很像，只是人類受到了禮教的限制，所以表現沒有這麼開放；當你反觀台灣獼猴的時候，你會發現牠們各種反應都很直接……。猴子本身也是群居動物，所以也會有權力鬥爭，如果猴子在爭鬥過程受了傷，其他猴子會毫不留情地把牠一腳踹開，這樣的爭鬥是很明顯的；在人類的權力鬥爭上其實也是如此，只是我們掩飾得比較漂亮……。」

儲瑞華提醒：「事實上，不同的生物有不同的生存之道，最不自然的就是人類。我希望大家在看到猴子的時候，請別大聲尖叫：猴子！猴子！請你靜靜地看著牠們，你就會有一些自己的想法感覺。這些動物是很可愛的，牠們是用自己的本性生存在大自然之中，不像人這麼虛僞。」

我們生活中常聽人說，你怎麼這麼猴急？或是覺得一個人很胡鬧就會說那個人很潑猴，言下之意就是覺得猴子是一種急躁頑皮、頑劣的動物。但是我常在想：猴子是怎麼看我們人類呢？下次你去動物園看台灣獼猴的時候，你會發現牠們也正在觀察你呢！不過猴子的社會生活倒是與人類有許多共通點，所以透過這些共通點，有助於了解人類社會的實際狀況。

淘金之旅

金瓜石是一個以採金礦而興起的產業聚落，自從停止開採之後，金瓜石就沒落爲一個寂靜的小山城。採金已有百年歷史的金瓜石位於台北縣瑞芳鎭的東方，它西接基隆山，東連半屏山及草山，風景宜人。這裡有許多廢棄的礦坑，以及相關的故事與傳說，總是讓人對它充滿著想像。

民國八十六年的九月二十一日，我參加了由省立博物館與台北縣立文化中心所合辦的「金瓜石淘金樂」活動。參加的民眾主要以親子爲主，就在余炳盛與方建能兩位地質博士的帶領之下，我們踏著先人的足跡，親身體會一段「淘金之旅」。

除了教導小朋友認識岩石的成份之外，余炳盛還帶著大朋友與小朋友在基隆河的上游「淘金」。他利用了一種叫作「搖金槽」的木質容器，長約一公尺多，寬將近三十公分，目的是將水中的泥沙經過幾次的篩洗搖晃，比較重的沙石就會沉澱下來，我們也發現了若隱若現的金砂，來參加的七、八個家庭都非常興奮，他們發現原來一直抱怨污染惡臭的基隆河，其實還蘊藏著許多寶貝喔！

芝麻開門之後

台北市周遭的河川往往是「惡名昭彰」。那一天卻有一個個家庭，由爸媽帶著孩子，集體坐在惡水的上源，學著如何「淘金」，他們的收穫不在那有如螞蟻般的小小沙金，而是度過了一天非常充實愉快的「家庭日」。

帶他們來「淘金」的是一位地質博士——余炳盛。余炳盛從小最喜歡聽的故事就是「阿里巴巴與四十大盜」的故事，他深深著迷於「芝麻開門」後的奇幻世界。長大後的余炳盛並沒有追求江洋大盜所鍾愛的「金銀珠寶」，卻和金瓜石結下了深厚的緣份。他的博士論文就是在金瓜石完成的，而今他卻用另一種方式帶著大家來「尋寶」。經過他的解說，大家看到的金瓜石最深層的秘密——「地質結構」，並可以學習到這些礦物的身世。這份對於「金礦」的了解，遠勝於人類千古貪婪的佔有。

學習「淘金」，是爲了幫助我們觀察自然的結構，也讓我們深刻體會到，由於人爲的破壞，才會遮掩自然原有的美貌。而了解自然眞相的人，才能充分享受「芝麻開門」背後的豐富與精彩。

1997.10.26

走屬於自己的路

華燈初上，夜正登場。卡拉ＯＫ的歌聲，觥籌交錯的喧囂，正在這個城市的各處竄動起來……。不知道昨天晚上的你是選擇什麼樣的生活方式呢？

我期待，每一個人都能過得平衡自在的生活；我也期待，在交際應酬之後，你依然能保有一顆赤子之心；我更期待，因爲你曾經努力，能使得我們的環境充滿著陽光與活力……。

仙后座 *Cassiopeia*

8至9月的夜晚9時出現於東北方夜空，由5顆星星排列成W字，與北斗七星分立於北極星兩側。

秋冬的星空

每年的秋冬都是非常適合出外欣賞星星的季節，台北市立天文科學教育館推廣組組長吳福河就介紹了秋冬的星空：「秋冬的確是欣賞星星很好的季節。先從秋季談起，當夏季的星空西沉之後，冬季的星空就慢慢地由東昇起。以往我們在春夏季要找北邊都是由大熊星座找起。但是到了秋天，北斗七星就下去了。這時候我們就要依賴秋天很重要的星座——仙后座來找北極星。到了秋天因爲秋高氣爽，很適合出外去欣賞星星。在秋季要認識星座，首先要面向北方。因爲北方有仙后座，這是一個很古老的星座，大概在西元前兩千兩百年左右，就有古老的民族用它來觀測北極星，這種方式一直傳延至今。

仙后座我們看起來像是一個W或是M的形狀，利用M頂端兩個星星之一，往底下凸角的星星等距延伸五倍，就可以找到北極星。另外還要找出秋季四邊型，就可辨識秋季的星空了。希望大家能一起欣賞美麗的星空。」

動物形態資料庫

國立屏東科技大學，是南台灣研究動物保育很重要的單位。今天我來這裡拜訪了戴永禔教授的實驗室，他正在解剖一顆老虎頭，目的是爲了建立野生動物的形態鑑定。這方面的研究在台灣還十分欠缺，戴永禔花了很多的時間來製作動物的標本，他說，這些標本其實有很多的用途，比如許多國人很喜歡到國外去買許多野生動物的製品，可能是一件皮大衣，或是利用動物所做出來的樂器，很多動物都已經被列在我們野生動物的保育名錄內，所以一不小心就會觸犯法律，但是政府也要有能力來分辨這些動物的皮毛、骨骼是否爲保育動物所有的，所以製作這些標本來提供比對就非常重要了。

那麼是否穿動物的毛皮所製衣物就是不環保的呢？

戴永禔解釋：「許多人杯葛穿皮衣就是不環保，其實不見得。如果是用人工材料所製造的衣服，從石油提煉的過程就對環境造成很多的污染。如果是穿純棉的衣服，可能在棉花田就加入許多農藥或是肥料，對環境的破壞也不小。而穿著來自大自然資源的衣服，就像我們老祖宗靠山吃山，靠水吃水這樣就地取材的觀念，我們穿的皮衣又暖又很自然，反而是很不錯的選擇。但是必須了解這些野生動物在族群生存的狀況，在某方面我們人類若是能善加利用，反而對牠們是有幫助的。」

其實最重要的就是要加強我們對野生動物的認識，所以動物形態鑑定的資料建立，除了讓我們避免觸犯野生動物法之外，更讓我們能善用天然資源，更積極地保護大自然的環境。

自然野趣

從喧囂的馬路轉進巷子中，我們發現了一個有趣的角落，走進去可以聽到來自大自然的天籟與美妙的輕音樂，讓這個繁忙的城市氣氛因此沉澱下來。這裡是全亞洲第三家以大自然為主題所開設的個性書店——「自然野趣」。擁有這家書屋的主人吳尊賢，是一位資深鳥人，他觀察鳥類已經有十幾年的經驗了。

吳尊賢說，他其實從來也沒想過自己居然會開書店，這其中最大的原因還是跟賞鳥有關。因為十多年前他第一次到關渡賞鳥之後，發現台灣也有這樣國際級的美景，但是在教科書上都看不見這些資料，後來在國外的雜誌上發現有以自然為主題的書店，吳尊賢覺得台灣應該也要有這樣的書店吧，所以花了兩年的時間，慢慢把這樣的書店建立起來。「我希望透過這個書店，能打動大眾對於自然的孺慕之情。人是大自然的一部份，多接觸自然，你會發現內心就有一種很和諧的韻律，但是很多人都忘了如何與大自然相處，所以我這個書店就扮演另一種角色，就是作為人與自然的橋樑。」吳尊賢眼中充滿期待。

走自己的路

我一直記得美國詩人羅勃・佛瑞斯（Robert Frost）所寫的詩——〈未被選擇的路〉（The Road Not Taken）。詩中藉由一位旅者在林中面對兩條叉路的心情，來感嘆人生所要面對一連串的抉選：到底我們該走別人都走過的路，還是選擇那條步跡罕至的小徑。

屏東科技大學教授戴永褆就選擇了「冷門」的那條路。當年和他一起接受動物學訓練的同學，畢業後都踏入「遺傳工程」這種最尖端最炫的研究領域，只有他選擇了與動物骨骼標本爲伍的「動物形態學」。他桌上有一個小小的中式信封袋，內裝著各種從柏克來大學拔回來的動物毛髮，他說「這就是我未來十年所要研究的內容」。而這種「明察秋毫」的鑑定工作，卻是我們台灣生態保育最欠缺的研究。

自然野趣書屋的主人吳尊賢，原本是學機械，曾在玉米公司工作過，十年前因爲在一本鳥類雜誌中，讀到一篇介紹國外的自然商店，覺得興趣十足，經過不斷地努力終於開了全台灣第一家，也是唯一一家以「大自然」爲主題的商店。雖然四年來搬了三次家，朋友們也不是很看好這類書店的遠景，但是資深鳥人吳尊賢單純的熱情，卻是支持他繼續走下去的主要力量。

找出你最想做的事，應該是面對抉擇最重要的指標。然而一個有使命感的人，更會去尋求一條能發揮自我價值的道路。勇於去開創一條屬於自己的路吧，這條路也許走來孤獨，卻絕對別具風景。

1997.11.02

小小環保火苗

「我是雲林縣山內國小環保小署長許佳婷，我覺得大人們做環保做得不夠好，他們好像不能體會到環保的好處與重要性。我希望大人也能聽小朋友的話，好好地去做好環保的工作，我們都是聽大人的話的乖寶寶，所以大人有的時候也應該聽我們的，因爲大人不一定是對的。」

孩子是我們的希望，而影響孩子最深的人也就是我們。環境保護的工作需要以身作則，所以大朋友帶著小朋友一起清理家園，才是最積極的作法。

認識綠蠵龜

台灣省水產試驗所的澎湖水族館，有一個海龜收容研究中心。我在這裡認識了一位助理鍾國南先生，他介紹了他們是如何解救海龜，以及這裡相關的工作內容。

鍾國南說：「我們中心是全台灣第一個海龜收容中心，主要是收容澎湖地區的海龜，主管機關是澎湖縣政府的保育科。這裡的居民經常會在這裡發現到一些受傷或是瀕臨死亡的海龜。因爲海龜是屬於保育動物，漁民不敢動牠，往往如此，造成延誤救助的時機。所以我們中心成立，利用水族館的設備，只要居民通知我們，就能幫助這些受難的海龜。中心自從七月成立以來，目前已進來了五隻海龜，有一隻經過我們的

綠蠵龜
Chelonia mydas japonica

蠵龜科，green turtle。體長約1公尺，龜甲呈墨綠色，主要分布在熱帶、亞熱帶水域。台灣以東、東南、南部及澎湖海域較常發現。產卵季約在5月至10月間。

檢查發現健康良好，已經野放出去了，那麼我們在現場所看到的這幾隻還需要再觀察……。過去我們的作法比較被動，現在我們已經主動和漁民溝通，希望他們能儘快通知我們；也和媒體配合，讓大眾知道海龜所面臨的困境，需要大家一起來保護牠們。」

鍾國南說，我們常常無意就變成了海龜的殺手。他說：「海龜平均十多分鐘會浮出來換氣，如果是睡覺，大概一個多小時上來換一次氣，問題是有些海龜會被漁民所放的漁網所絆住，也會嗆水而死。其實海龜在小的時候比較脆弱危險，長大後幾乎沒有什麼天敵，因爲牠的殼很硬，所以數量不應該這麼少，大部份的原因是人爲的因素：像是產卵場地受到破壞，或是被漁網卡住了，也可能是誤食了一些塑膠袋，因爲牠們會誤認爲水母吃下去，很可憐。我們有的時候會認爲隨便丟一個塑膠袋沒什麼了不起，尤其是一些釣客裝餌的塑膠袋，風一吹掉入海裡，野生動物無法判斷，就會把它吃下去了。」

在訪問的現場，我看到了兩隻大海龜，在收留中心的池中顯得十分悠遊自得。鍾國南說，這兩隻海龜要再經過一段觀察期，就會把牠們放回大海去，但是我不禁擔心，回到大海去，是否就能擁有一個安全無虞的生活環境呢？我想這點需要靠我們一起努力的。

環保小署長

這是一次全國國小校園巡迴的視察活動，目的是爲了要選出全國十大環保小署長。我們現在聽到的錄音是澎湖、嘉義、雲林各地環保小署長的錄音，他們正在經歷環保署簡任視察鄧銘口試的考驗……。

鄧銘說：「你在學校如何推動環保的工作啊？」

小朋友：「我們在校園內都有樹葉堆肥，也有垃圾分類與減量……。」

擔任環保小署長的學童，他們都是經過學校層層的篩選與訓練，希望能培養一個環保小火苗，能帶領其他的小朋友共同來執行學校的環保工作。而環保小署長的遴選，主要是由環保署來推動的。今年小署長的重點工作就是去學習如何成爲一位「小小環境規劃師」。

這次視察的結果，我們發現，環境規劃應該從小開始訓練。但是很多學校並不是很了解如何讓孩子來參與「環境規劃」的工作，針對這點，環保署簡任視察鄧銘，就舉例向學校說明——

鄧銘表示：「所謂小小環境規劃師就是由小朋友來發現環境的問題，配合家長的力量，這樣就可以逐一來解決社區的問題，那麼小朋友對自己的環境也會有一份榮譽感，進而產生監督的力量……。」

小小環境規劃師

「小小環境規劃師」是今年全國國小學童環境教育所推動的重點工作。這次我跟隨著環保署到全省各地視察的結果發現，大部份的學校對「小小環境規劃師」的工作內容並不是十分清楚，因此有必要提出一些資訊以供參考。

「小小環境規劃師」的概念是來自於日本「舒適環境地圖的繪製」的作法。環境地圖主要是以附近街道區域爲基本圖，再經過觀察研究，將環境問題以文字或圖畫的方式標示在基本圖上。在這個過程中，學校老師與社區民眾應互相充分配合，來引導孩子充分參與環境規劃與觀察的工作。重點是要找出我們環境的特色及優缺點。如果碰到環境的問題時，也讓小朋友能實際參與討論，找出解決的方式，讓我們的環境能因此更美好。

我們教育過去最缺乏的訓練之一，就是「參與」。事實上，教導孩子「參與」的第一步，就是要帶領孩子學習觀察自己所處的環境，並且共同規劃我們環境的藍圖，再由其中找到可以具體執行的內容，讓大朋友帶著小朋友一起來做，才是最實際的作法。另外，環境教育是需要正義感與使命感的配合，我們發現也許很多人都能「獨善其身」，卻不太關心一些公共領域的事務。因此培養孩子服務的熱忱是很重要的，因爲只有「兼善天下」的企圖心，才是眞正改進社會的源動力。

1997.11.09

抉擇之間

那天在南投縣仁愛鄉清境農場的早上，我看到了火冠戴菊鳥以及煤山雀，成群聚在樹上，非常活潑靈動，牠們是屬於高海拔山區的鳥類，在合歡山、阿里山、太平山上都可以看到牠們非常可愛的模樣。

親近自然，保證你會有更多意外的驚喜！

黑面琵鷺 *Platalea minor*

朱鷺科，Black-faced Spoonbill，為稀有之冬夏候鳥，身長約74cm。嘴長，黑色成匙狀，嘴基部、額、眼光等黑色相連。夏羽時，後頭會長出黃色飾羽，胸轉為黃色。以嘴撈捕小魚蝦為食的特色，台語叫牠們為「黑面ㄌㄚ飛」，是非常貼切的形容。

分布於海岸、河口、沙洲等淺水地帶。

七股潟湖

位於台南縣曾文溪以北有一大片濕地，稱作「七股潟湖」，面積有一千七百多公頃，這裡有一群人正在保護這片「七股潟湖」的自然生態，他們組成了一個「七股潟湖國家風景促進會」。促進會的總幹事黃登騫就特別帶我導覽這片美麗的七股潟湖。

黃登騫說：「當地漁民稱七股潟湖爲內海，因爲在台灣海峽的裡面。潟湖漲潮時也只有一公尺多，這時候小孩子還可以在裡面戲水，觀察招潮蟹。七股潟湖是屬於國有財產局的，我們在這裡保護七股潟湖，是希望這裡不會受到污染，能夠永續地發展。」

七股潟湖的生態環境，現在正面臨著濱南開發案的威脅。那天「自然筆記」在潟湖中央記錄了成千上萬水鳥的叫聲，在夕陽落日之前，眾鳥身影劃過天際，美麗得令人感動。我想這裡一旦變成工業區，後代子孫將無緣一睹這樣的景致，我們是不是眞的有權利來剝奪這樣的機會呢？

其實在七股潟湖是一種十分重要的訪客——黑面琵鷺，來台過冬時的主要棲地。而黑面琵鷺也是七股潟湖所要保護的重點，我們實在應該對於這種鳥類的重要性，要有更多的認識。

黃登騫指出：「黑面琵鷺由於嘴型像穿鞋子的鞋靶，也像湯匙一樣，在水裡ㄉㄚㄉㄚ來ㄉㄚ去。所以當地漁民又以台語稱牠爲黑面「撓扐」。黑面琵鷺全世界只剩下五百五十餘隻，來七股瀉湖過冬的最多有三百二十多隻，因爲這裡的環境很好，沒有污染。一般判斷嘴巴較長的是公的，嘴巴較短的是母的。」

爲了保護這種珍貴的訪客，這裡最近剛成立了「國際黑面琵鷺保育中心」。在這裡我認識了一位對黑面琵鷺有很深厚了解的義工——郭忠誠先生。

郭忠誠說：「保育中心是在當地人對於保護黑面琵鷺的意識覺醒後，結合各界保育團體，所組成的一個國際性的保育組織。第一步的工作就是針對一些關心的民眾進行解說。事實上，對於黑面琵鷺的研究早在一百多年前，有一位英國人史溫侯在台的四年期間，對台灣生物的介紹就有提到琵鷺，可見黑面琵鷺生活在這裡很久了：……。」

很多人都說台灣沒有自然景致，總是覺得別的國家比我們更漂亮，卻對自己生長的土地只會抱怨，或是抱持一種「撈一票」的心情，賺夠了錢就去選擇更好的生活環境。我不免擔憂著，若是這裡開發成工業區，眞的能兼顧生態嗎？我們的孩子是否眞的沒有自然景觀可以期待了嗎？

開發與保育

經濟發展與環境保護，當這兩個議題被放在台面上，經常考驗著決策者的智慧與眼光。

「濱南開發案」就是一個備受爭議的開發案。那天要去採訪台南縣七股潟湖的保育人士黃登騫之前，我在當地迷路了，心想這附近的人大概都會認識這位積極捍衛鄉土的人物。我向路旁經過的一位老漁民詢問，他黝黑的面龐一聽到「黃登騫」三字就震怒起來，他斥喝著：「那個人專跟地方搗蛋啦！……」怎麼會這樣呢？我暗自納悶。當我進一步訪察，才發現這裡的漁民人手一隻勞力士，財團的人告訴他們，這裡如果開始炒地皮，他們就發了，也不必這麼辛苦的捕魚了。黃登騫這位擋人財路的保育人士，自然被某些人視為「搗蛋份子」。但是黃登騫等人的看法是，從環境平衡來看，我們需要這片七股潟湖，若是能結合現有的資源來開發觀光等事業，不也可以帶動另一種經濟的收入嗎？

但是財團已經等不及了，那些想賺錢的人也等不及了，他們說台灣地狹人稠，放著這片土地不開發，不是很可惜嗎？

在我腦海中，不禁浮起了一個畫面，多年後在這片土上，正聳起一棟棟水泥叢林，勞力士錶可能早已旋鬆針斷，一位住在這裡的小女孩，拿著一本書走到你的身邊說：「爺爺，老師說我們這裡曾經有住過一群叫作黑面琵鷺的鳥，爲什麼我們再也看不見牠們了呢？」到時候我們又該如何跟未來的孩子交待呢？不當的經濟開發，犧牲了環境品質，破壞自然生態，眞得能讓我們生活得更快樂嗎？我們已經在承受過去的惡果，是否要把這樣的循環帶給我們的下一代？

1997.11.16

自然行腳

喜歡旅行嗎？有些人喜歡單闖天涯，有些人喜歡偕伴同行，不論如何，每次旅行都像是人生一段小插曲，透過各種不同的景致，能夠豐富我們的生命。其實旅行是考驗一個人很好的方式，因爲在旅行中最重要的就是有福同享，有難同當。不過，喜歡獨自旅行的人則需要自立自強。

毒蛇傳奇

今天來到了台北市立動物園，發現了這裡有一個兩棲爬蟲動物收容站。收容站的負責人林華慶是一位毒蛇專家，他讓我對台灣毒蛇大開眼界。

林華慶說：「我個人過去四年多都在從事台灣蛇類的調查與研究，很高興能和聽眾分享我研究的成果。其實說到蛇，很多人都是腿軟啊，會有種種害怕的反應。但是除了恐懼之外，大家對蛇還有一點好奇。我們台灣剛好是亞熱帶的氣候，地形分布上也有許多草原森林，溪流等地，所以本身就是很適合蛇的生存，種類也很多，光是陸地上的就有四十幾種，其中有少部份是毒蛇。

在台灣我們最常見的毒蛇應該算是赤尾青竹絲，這種蛇主要是夜間活動的，白天牠會棲習在一些矮樹上，或是灌木叢上面，晚上牠就會到水邊來抓青蛙吃，我們在野

雨傘節

Bungarus multicinctus

蝙蝠蛇科，umbrella snake，中型毒蛇，夜間活動，卵生，體黑白相間，頭為橢圓形，分布低海拔地區之水田、果園、溪流、水塘等地。

外的溪邊露營時很容易會看到牠，牠全身是綠色的，只有尾巴是紅色的，頭是三角形；這種蛇的攻擊性不是很強，通常是因爲你不小心踩到牠或是你手在抓樹葉時拉到牠，被牠反咬一口；所以要避免被咬到，那麼夜晚露營時一定要有光源，還有爬樹時眼睛要看清楚了，不要摸到牠。不過，還好牠的毒性算是幾種毒蛇中比較弱一點的，但是被咬傷了還是會很痛苦，所以一定要到醫院去注射蛇毒血清。」

不過，林華慶提醒，不要以爲頭是圓的蛇就是無毒的，比如雨傘節，牠的頭就是圓的。雨傘節的毒性是台灣幾種毒蛇中最強的，絕大部份的雨傘節的個性都很溫和，牠們也是夜行性的動物，在樹上出現的機會很低，都是在地上，尤其是在水邊的地方，所以夜間活動時一定要有一個手電筒，或是其他光源。「雨傘節的毒性是屬於神經毒，被咬的時候不腫也不太痛，幾個小時就會昏昏欲睡，呼吸困難，然後休克而死，所以千萬別輕忽被咬的嚴重後果。」林華慶提醒。

他說：「我個人在做這麼多年的蛇類研究從來都沒有被蛇咬過，只要你了解牠，知道牠的習性，你就不會被牠咬傷。」

其實蛇在一般人的眼中，甚至在一些文學作品中，都被視爲邪惡的象徵。與蛇日夜相處的林華慶，對於這種眾人懼怕的物種卻有一份獨特的情感與看法。

林華慶：「我從小對蛇就不覺得害怕，也對蛇很有興趣，經常要求我爸爸講一些蛇的故事給我聽。長大後，有機會來研究牠，也就更進一步地認識牠。很多人覺得蛇很恐怖，但是在我眼裡，很多蛇都很惹人憐愛。我們常聽到一些很殘忍的兇殺案，人對人的傷害更勝於蛇對我們所造成的傷害。我希望大家能尊重生活在野地的蛇類，牠們有自己的生存權，只要牠沒干擾到你或傷害你的意圖，希望大家能給牠們一個生活的空間。」

高山賞鳥記

今年十月中旬我特別走一趟清境農場與合歡山之旅——延著十四甲省道走，從霧社北行七公里，就可以到達清境農場了，這裡原名「見晴」，就是看到太陽放晴，從霧中露臉之意，從民國五十四年，才放棄這個日本名字，改稱為清境農場。

這次旅行是一次很有趣的自然生態之旅。清晨五點多我就在竹雞的叫聲中醒來——拿著錄音機出門，我穿過一個小湖，爬了一段長長的階梯，我發現一棵停滿山雀的樹——在這裡我看到了火冠戴菊鳥，煤山雀、冠羽畫眉……。在青青草原上，我們可以欣賞到螻蛄的鳴叫……。下午我往合歡山的方向走，到了武嶺，我巧遇一群不怕人的鳥類「岩鷚」，牠們是台灣普遍的留鳥，經常三五成群地出現在高海拔的岩石地帶，牠的頭部是灰色的，身上是茶褐色。在我附近跳上跳下地找食物，非常活潑靈巧。

到了合歡山，我發現在松雪樓後面有一群酒紅朱雀，不過只有雄鳥的全身才是暗紅色的，母鳥則是褐色的。雖然今天合歡山上還沒有下雪，但是天氣已接近冰點了，我延著合歡山東峰的步道走去，一路上都是矮矮的植物——玉山箭竹。走到山頂，我坐在一片箭竹的中央，欣賞著合歡山的落日晚霞，以及被染紅的奇萊山脈，風景十分壯麗。台灣真的好美，想欣賞它們也十分容易，找個時間來這裡走走吧！

視而不見

採訪兩棲爬蟲動物專家林華慶的那天，有一件事讓我印象深刻。

市立動物園其實幅員很大，訪談結束後，我搭著林華慶的便車到車站，一路上都是蜿蜒的小山路，當時車速不慢，半路上林華慶突然問我：「剛才那隻攀木蜥蜴很可愛，妳看到了嗎？」我一頭霧水，向四處張望，反問他：「天啊，你開這麼快，能看到什麼？」於是他停下車，向後倒退一百公尺，向我右方指去：「妳看，牠在那裡。」我努力的搜尋，經過林華慶的指引，我才發現路旁草叢中正站著一隻十分神氣的小蜥蜴。當場我對林華慶的眼力大感佩服，他說：「大概因爲我跟牠們相處久了，總是會比較敏感吧。」

對大部份的人而言，面對大自然「視而不見」的例子俯拾皆是。然而，生命的豐富與否，全在於我們看世界的角度。一個不好奇的人，是不會關心周遭的事物，就算他去過全世界，也比不上一位在樹林間的觀察者與思考者。從今天起，讓我們去學習認識其他的生命，其他的經驗，生命的多元與豐富，不正是源自於此嗎？

1997.11.23

再見桃花源

結廬在人境，而無車馬喧，
問君何能爾，心遠地自偏。

在陶淵明的詩中，讓人体會到，雖然生活在喧囂的城市中，只要我們能保有一顆恬靜淡泊的心，就不會受到紅塵的干擾與牽絆，而享有一份來自於心靈深處的平靜。對於一心想逃離城市的你，不妨多接觸大自然，學習陶淵明這種「心遠地自偏」的生活哲學，相信能幫助你在任何環境中，隨遇而安。

守望朴子溪的人

今天我來到了嘉義的朴子溪，在這裡我認識了一位朋友，他是去年曾經榮獲全國十大環保義工的謝敏政先生。他服務於新聞崗位，並且奉獻於鄉梓。謝敏政介紹了朴子溪以及他所組成的「船仔頭文教基金會」。

謝敏政說：「朴子溪發源於阿里山，由東石出海，全長有七十六公里，船仔頭就在朴子溪出口的地方。這條河是嘉義主要河川，我們從小就在此嬉戲，記憶中的河川十分清澈。成長後就學外出，回來後發現河川已受污染，居民都不愛惜這條河，我想為什麼我們不能效法宜蘭冬山河那樣的精神，讓朴子溪也能這麼做，所以我們成立了一個船仔頭文教基金會。船仔頭是一個很小的聚落，也不過一百個人而已，雖然人少，但是我們相信只要好好做，河川還是很有希望的。三年來，我們慢慢地做。我們經常帶許多朋友做朴子溪的巡禮，讓他能一探河川之美，這裡有許多海鳥、紅樹林、濕地。如果有人亂丟垃圾，我們就會告訴他這裡是親水公園的預定地，許多人就會不好意思，慢慢就會有成效了。當初許多人笑我們是傻瓜，後來我們發現有越來越多的傻瓜加入我們，也終於做出一些成績。

我們很早就發動大家來動手清裡河中的垃圾，剛開始有人笑說這應該是環保單位的事，你們清這個幹什麼？後來我們帶他們坐船去看看朴子溪，讓他們覺得朴子溪眞的很不錯，親近河川後，大家才會一起來關心這條河川，希望能慢慢地還朴子溪原來的面貌，讓這裡的居民能擁有一個桃花源的生活。」

從謝敏政的訪談中，我想起了一句話：「人因夢想而偉大。」就像愚公移山的精神，人是需要一些傻勁才能將理想實現，期待這群守望朴子溪的人能早日達成美好的願景。

台灣特有生物中心野生動物急救站

那天我記錄到一隻黑冠麻鷺的叫聲，牠所在的位置是在南投縣台灣特有生物研究中心的動物急救站內。台灣特有生物研究保育中心是由政府於民國八十一年所成立的，這個中心主要是進行本土生物資源調查及稀有物種的復育研究工作。

來到動物急救站內，我們發現一隻不愼落入水中的小雨燕，急救站負責人林宗弘正忙著幫助這隻面臨危機的小雨燕……。

問：「現在這隻小雨燕正被放在保溫箱內，裡面是幾度呢？」

黑冠麻鷺

Gorsakius melanolophus

鷺科，tiger bittern，身長47cm，頭上有顯著黑色羽冠，體色赤褐色，眼先端藍色。分布低海拔密林及山泉溪澗中。喜單獨活動，遇侵擾脖子挺直不動；覓食則扭動脖子，頭和身軀不動。

林宗宏：「大約是四十幾度。」

問：「這隻是雛鳥嗎？」

林宗宏：「算是離巢的雛鳥了。」

問：「你們平常的工作內容是什麼？」

林宗宏：「一般來說，各縣市政府所查緝的野生動物，或是一般民眾發現的一些需要救助的野生動物，通常會直接送到我們中心來，我們就會爲這些野生動物做一些解救的工作。」

問：「全省各地有那些動物急救站？」

林宗宏：「台北市有台北市衛生試驗所、台北市野鳥協會其中的野鳥救傷中心；其他像花蓮、台東、宜蘭的防治所都有經辦野生動物的急救。」

在動物急救站內，我們發現許多動物的背後都有一段不幸的故事，而且大多是人爲的因素所造成的，而今牠們卻在這裡受到人類的照顧，不知這些動物應該討厭人類，還是感謝人類呢？

新桃花源記

相信許多人都讀過陶淵明所寫的〈桃花源記〉，也非常嚮往文中所述之意境：「土地平曠，屋舍儼然，有良田、美池、桑、竹之屬。阡陌交通，雞犬相聞……黃髮垂髫，並怡然自得。」並於結尾提到，後有聞者欲求前往，均「不復得路」。於是後人把「桃花源」當作遙不可及的夢土，它所代表的，正是快樂天堂。

分析起來，要成爲「桃花源」必須具備以下的條件：第一，環境優美整潔。第二，人民能安居樂業，自給自足。第三，鄰里間相互關懷。第四，老人小孩都能受到充分照顧。

其實，從事社區總體營造的人就是創造「桃花源」的人。對於謝敏政而言，朴子溪是伴隨他成長的河川，也是創造快樂童年的泉源。離家多年，謝敏政發現記憶中那條魚群穿梭的小河不再，於是他開始發動地方父老，用實際的行動來整治河川，並帶動當地的藝文活動，共同去經營一個舒適美好的生活環境。

事實上，「桃花源」離我們不遠，只要有心，你就可以創造出另一個「桃花源」。台灣今天各處都可以看到越來越多創造「桃花源」的人，對他們來說，「桃花源」絕非海市蜃樓，而是改進的過程與理想的展現。「桃花源」其實是有路可循的。

1997.11.30

不放棄的夢想

二十世紀末，人類生存環境所面對的最大挑戰就是「人口擴張」和「消費增加」。專家估計，在新石器時代的初期，地球上的人口大約是五百萬人，到了一六五〇年，大約是五億人，到了一九七五年已經超過三十五億，而且一星期大約有一百萬個嬰兒誕生，以此推算，到了西元兩千年，人口就將近到七十億人。

然而，人多，自然消費就多，事實上，地球不是一個永不枯竭的礦坑，這樣的資源也會有用盡的一天。因此，我們必須確切執行人口控制，而且也不能毫無顧忌的過度開發。這個世界需要更多解決問題的「智慧」，而非製造問題的「人類」。

海藻與我

你知道嗎？每年的冬季都是海藻繁殖成長的重要季節，你知道台灣附近有那些海藻嗎？今天我來到了台灣省立博物館，拜訪了副研究員黃淑芳博士。她曾任教於國立中山大學，並於今年籌組了中華藻類學會。她說，我們生活事實上是廣泛應用海藻的，除了食用方面，還有牙膏、化妝品內都含有海藻的成份，而現在正是海藻重要的繁殖季節，我們更需要去認識這些海中美麗的植物。

黃淑芳說：「台灣是一個海島，我們只要走到海邊都可以看到各式各樣的海藻，只要你肯彎下腰，你就會發現藻類世界的造型有多漂亮了，尤其冬、春正是藻

羽葉蕨類 *Caulerpa sertularioides*

台灣可見於南灣地區。藻體攀生，據匍匐枝、直立枝部分，色呈翠綠或深綠色。

類生長的季節，現在你到海邊會發現綠油的一片。你仔細看，如果是一朵一朵的就是石蓴。有些是礁膜，同樣是一片狀的，俗稱海菜，我們在料理店吃的翡翠白玉湯，很多都是海菜。還有一種叫作蕨藻，非常漂亮，有顆粒狀也有葉狀的，蘭嶼的雅美族人經常涼拌來吃。除了綠藻還有褐藻類，像一些小海帶，現在在中潮帶可以採到。石花菜都是分布在台灣北部的低潮線上，現在還比較小，到了一月就會很茂盛。每年北部與東北部都會生長好幾公噸，產量十分豐富。還有這個季節漁民常吃的蜈蚣菜、麒麟菜，這些都是紅藻，屬於低潮線的植物，也就是要浮潛才採得到。」

黃淑芳進一步解釋了海藻的重要性，並呼籲大家不要破壞海藻的生存環境，她說：「地球百分之七十都是海洋，在這麼一大片的地區內，只有海藻能行光合作用，能夠製造氧氣與食物的生物，所以其重要性不可言喻的。此外，它還提供海洋生物棲息、避難、產卵、覓食的地方，所以它對整個海洋生態的平衡與穩定，具有不可抹滅的影響力。現在我們海岸附近所建的九孔池，對地形造成破壞，讓許多藻類都不能生長，而且水泥是鹼性的，許多生物都不能附著其上；還有我們海岸旁的設施工程，傾倒廢土，垃圾，都會影響藻類的生長。也會造成某些藻類很多，某些很少這樣的不平衡現象。還有產生一些有毒的藻類，被魚吃了，然後我們人再把魚吃了，這些毒素就會進入我們體內。」

我們的生活飲食都是取之於自然，但是如果不善待自然，人類終將自食惡果。而像海藻這樣多工的角色，若能善加利用與保護，小兵也能立大功。

一沙鷗之歌

台東市的南王部落，住著一位具有人文素養與藝術氣質的朋友，他是卑南族的文化工作者——林豪勳先生。林豪勳爲卑南族做了很多文化的整理與記錄，然而在二十一年前的一場意外，造成他脊椎受傷，全身癱瘓，常年臥於床第。在這樣困難的情況下，林豪勳卻展現了更大的毅力與行動力。在他三坪大的房間內，就是生活與工作的全部世界。在這裡，除了他所倚賴的床之外，就是一台286的電腦。平常工作，林豪勳就用自己的嘴巴，咬著一支筷子來敲打鍵盤，靠著這種方式，林豪勳編纂了卑南字典，以及整理卑南族的神話故事，並且還創作一些音樂，成果斐然。

他談起了自己創作的動力：「關於卑南族文化整理的工作，因爲我有切膚之痛，年少時我就想找尋一些卑南族過去的資料時，發現因爲我們沒有文字，許多東西都沒留下來，所以我開始想爲自己族群文化編輯一些資料，但是當時太年輕，玩心很重，後來長大後要工作又沒時間，反而是躺在床上後，時間很多，加上學會了電腦後才開始整理的工作。在我有生之年我會一直做下去，直到有人接棒爲止。」

此外，林豪勳還用音樂來表達他對這份土地的熱愛，四年來他整理創作許多民族音樂，其中還有一條是描述大地的律動。

林豪勳說：「這首曲子是描述台灣的地理環境，一開始是台灣層層山巒的氣勢，首先是中央山脈的景色，在這裡我們可以聽到布農、曹族、排灣族的音樂作爲前導，到了第二段就到台灣的東海岸，有海浪聲，接下來就是台東平原上的阿美族與卑南族在此展開……。我覺得卑南族的傳統的生命觀就是人是來自於大地的養育，必須要尊重萬物，絕不浪費……。」

卑南族對大自然的尊重精神，對於我們生態保育的工作具有相當多的啓示，而林豪勳樂觀豪爽的個性正是受到這種文化的影響吧。

不放棄的人

勇於實踐夢想的人，永遠不會寂寞。生命眞正的脆弱，不在於夢想的破滅，而在於沒有夢想或是放棄夢想。

卑南族文化工作者林豪勳所有的成就，都是在全身癱瘓後才完成的，他表示許多夢想原本不可能實現的，如果他四肢健全，可能每天忙於工作，早就把這些夢擱到一邊。但是當自己的生命面對這麼大的困境時，反而讓他有更大的起跳空間。專注的人，永遠有最強的行動力，即使足不出戶，林豪勳仍能與千古對話，神遊於天地之間。

人生每個階段都需要調整自己的方向及步調，但是也不要忘了要偶爾蒐尋一下自己記憶的檔櫃，你也許會發現被壓在最底下的，可能是你原本最想去完成的夢想。好好地再去察視一次吧，別輕易放棄，也許是你應該拿出行動的時候了。

1997.12.07

新土地倫理觀

有一位生態學家說過：「美，在人類的進步中扮演著很重要的角色，是任何國家所擁有最珍貴資產之一。」而學習去欣賞美，更是一個人的基本素養。大自然是孕育美感最好的教室，在其中我們的感官會獲得解放，充分接受天地間的洗禮，使得我們的生活更平衡更快樂。

黃魚鴞的傳奇

從台北縣南勢溪往福山村的方向走，在這裡我遇到一位專家，他是屏東科技大學孫元勳教授，他正在研究一種非常漂亮的貓頭鷹——黃魚鴞。貓頭鷹一般給別人的感覺是很有學問的樣子。而在原住民的傳說中，貓頭鷹是帶有一些傳奇的色彩。有的認爲牠是吉星，也有人視牠爲惡兆，甚至有人說孕婦夢到貓頭鷹會生男孩或女孩的說法，到底這是什麼樣的一種動物，就讓孫元勳來告訴我們。

黃魚鴞

Hetupa ketupa flavipes

鴟鴞科，tawny fish owl，體長58～60cm，翼長45cm，尾羽22cm，頭、角羽、腹面黃褐色，體背黑褐色。在台灣分布中、低海拔近溪流之密林中。

孫元勳說：「我在南勢溪已經待了三年多，就是爲了要研究黃魚鴞。黃魚鴞是台灣最大種類的貓頭鷹，身高大約有五、六十公分，牠和一般貓頭鷹不一樣的地方就是，牠都是出現在溪流附近，吃一些溪中的魚、蝦、蟹，或是蛙類。貓頭鷹一般是夜行性的動物，所以我們要在晚上來觀察牠們是很困難的，我們首先要確認牠分布的溪流，以及會停留的枝條，因爲牠都會留下排遺及石繭。知道後我們會佈陷來捕捉牠們，抓到後會作測量，放腳環，然後在牠的背上放一顆無線電發報器，來掌握牠的蹤跡。」

但是在研究的過程中，孫元勳總是對黃魚鴞的命運充滿擔憂：「我調查黃魚鴞的地方，大多是在山區內，附近居住著一些原住民，有的時候會被他們狩獵到，我在研究的過程中，常常會擔心我追蹤的黃魚鴞活不到明天。此外，在冬天不易捕魚的季節，黃魚鴞會到養鱒魚場去向老闆借一些魚吃，所以遭人仇恨，往往因而被殺。我告訴老闆說，這種鳥是賞鳥者的寶貝，如果你不動牠腦筋，我就會替你廣爲宣傳，讓愛鳥者來你這裡住，並欣賞黃魚鴞，用消費來彌補你的損失。由此可知，保育跟開發之間並不一定是對立的。」

保育、開發、觀光這之間是否有一個平衡點呢？現在我要從台北縣的南勢溪出發，轉向台東的卑南溪，去拜訪一位用更積極的方式來保護環境的人。

守望卑南大溪的人

台東最大的河川──卑南大溪，它流經台東七個鄉縣市，不論是流域面積或是水流量都佔了全縣的二分之一，所以這是孕育這片土地萬物最重要的河川，而守候這條卑南大溪的人，就是國立台東師範大學環境教育中心的主任劉炯錫，他爲我導覽了卑南大溪。

劉炯錫說：「卑南大溪發源於台東縣花東縱谷的南面，在靠中央山脈的部份是布農族分布的地區，然後在花東縱谷靠海岸山脈的地帶是阿美族，出海口有阿美族及卑南族。

劉炯錫出生在西部的嘉義農村裡，對於小時候記憶中的河川，還可以在水中張開眼睛看到許多魚，讓他非常懷念。他說，當我長大後我們的溪就完全污染了，變成臭水溝。所以當劉炯錫到了東部之後，他發現東部的溪流很清澈，讓他回想起兒時的故鄉，於是就把這裡當作自己的故鄉一樣地愛護它、保護它。

劉炯錫認爲生態與人文是不可分的，他描繪著卑南大溪的未來：「我們預定在明年的六月六、七日，針對這條河來辦一次學術研討會，另外還有深度旅遊的部份，我們希望能寫出深度旅遊的專書，並且有深度旅遊的專車，裡面可以播放這條河川的紀錄片，讓旅客在一路上能了解這條卑南大溪。此外，我們還要去社區了解當地的文化，比如阿美族人的漁業文化，他們抓魚的技術可以說是世界一流的，每個民族跟自然都有很密切的關係，所以自然與人文應該充分結合的。人不能脫離自然，因爲人是生態體系的一部份，尤其是原住民族，更可以找出人與自然之間的關係，做這樣的結合。」

土地倫理的重建

在生物學家威爾斯(Edward Wilson)名著《繽紛的生命》中曾說過，地球自三十五億年前有藍綠藻的生命跡象開始，到今天已經歷過五次的大災難，每次災難都會造成某些物種的絕跡，比如六千五百萬年前恐龍世代的結束。但是過去每次的災難並不會造成生物界的危機，反而讓生物的演變更加多元，因爲自然界的復元時間都很長。然而專家現在都看到了地球正在經歷著第六次的大災難，這次肇禍的主角是我們人類。我們只重開發不重環境保育的結果，使得世界的物種在很短的時間大量絕跡，讓世界的生態體系嚴重失調。然而生物少自然資源就少，專家擔心，人類若沒有高度的自覺與反省，地球恐怕會因此而萬劫不復。

「環境倫理」會是下一個世紀人類最重要的課題。就像本集孫元勳教授透過黃魚鴞與養鱒場老闆抗爭之例，來說明如何在保育與開發之間尋求一個平衡點。而守護著卑南大溪的劉炯錫，更是強調「人只是自然體系的一部份」，認爲生態保育與人文教育的關聯是密不可分的。事實上，人類只是地球上眾多物種之一，但是我們卻消耗了大部份的資源。因此反對過度開發，不應該被詮釋爲單純的「反商」情結，而是基於對土地破壞的基本良知與警覺，因爲我們已經在自食惡果了，爲何要去剝奪下一代人的權利？

1997.12.14

終身學習

冬日的清晨，在東埔山城中，有來自玉山的鳥語……。東埔村是位於南投縣的信義鄉內，兩百多年前布農族人才從郡大溪遷移到這裡來居住。那天，我和一群熱愛大自然的朋友，一起探訪著山中的奧秘，並且欣賞著森林獨特的旋律。

沿著溪谷走，我發現這裡有許多鉛色水鶇。清晨，風是涼的，而我們的心情，正像是沾著露珠的葉草，在晨曦中，有著無比的清新與喜悅……。

鉛色水鶇
Phoenicurus fuliginosus
鶇亞科，plumbeous water redstart，山間溪澗常見留鳥，身長約13cm，雄鳥暗鉛灰色，尾上、下覆羽及尾羽為黑褐色。

玉山國家公園

玉山國家公園是台灣六座國家公園之一，涵蓋了南投、嘉義、高雄、花蓮四個縣八個村，是濁水溪、高屏溪、秀姑巒溪的發源地。從民國七十四年設立以來，至今已有十二年的歷史。玉山國家公園以山著名，除了有傲視東北亞的玉山外，還有壯麗的秀姑巒山、關山、新康山等。這些山形狀互異，全是登山者的最愛。

在這裡，山巒、斷崖、碎石、河谷，是構成玉山國家公園的基本景象。除了豐富的地質景觀外，這裡更是野生動物的快樂天堂，在這片平均海拔2500公尺的範圍中，它幾乎孕育了台灣所有分布於低、中、高海拔的動物。來到玉山國家公園中，到處都可以體會來自於大自然的感動。這裡有著世界級的美景，在城市中生活的你，別忘了到玉山來環保自己的心靈。

這次旅行，我認識了一對很特別的義務解說員，並分享了屬於他們的故事。

解說員的故事

這一對親切有趣的夫婦，他們目前所做的工作，對台灣的環境教育很有貢獻。他們是因爲先生退休了，太太加入先生的志願，一起到國家公園當起解說員，他們分別是張照宗先生，與歐碧雲女士。

張照宗說：「大概在民國五十年的時候，我當兵的地方，在山區有一個工作站，讓我有機會欣賞台灣之美。這是我從小到大第一次接觸的經驗，從此我就愛上大自然。退伍後也開始忙於生活，只能在上班的空檔，找時間去爬山，那時候就爬過玉山、大霸尖山、南湖大山、奇萊等山脈。接近大自然使得人心曠神怡，讓我十分著迷。隨著年齡的增長，工作壓力愈增，更增強我想逃離的念頭，嚮往回歸自然。有人喜歡做大官，發大財，我自己對這方面沒有太大興趣。我是希望將來能接近大自然，我就很高興了。」

張照宗在退休前的工作是一位行銷經理，和他的休閒興趣是毫無關係。不過，身爲家庭主婦的張太太，又是如何分享先生的興趣，並且願意和他一起成爲義務解說員呢？

歐碧雲解釋：「他年輕爬山的後援工作，就是由我來做。他很瘋狂，大年初一就出發，把我們放在家裡，還自己去走斷崖，我們的親人都很擔心，還責問我為什麼要讓他去呢？我說人生一輩子年輕才一次，你不讓他走，等到老了走不動了，他怎麼辦呢？另外，我自己是出生於阿里山，從小就看遍了自然的美好，那我先生一直說他想退休，我說沒關係，只要孩子一畢業我就讓你畢業。當時國家公園在徵求義務解說員，我們就在這樣偶然的機會來這裡了；加上之前，我在國外也接觸到一些年老的義務解說員，我非常感動他們愛護鄉土的胸懷，我覺得為什麼我們不能呢？於是我決定我一定要做這樣的工作。」

人生每一個階段都可以扮演不同的角色，只要有心，任何時間都可以成為一個起跑點。由張先生與張太太的例子，我們可以了解，成為一位義務解說員，也是人生規劃的一種很好的選擇，希望未來有更多的人能夠加入他們的行列。

玉山地質之旅

這次玉山之旅，主要是參與由國家公園所辦的「地質研習營」。這個活動吸引了全國五十多位民眾參加……。為了要讓學員能實地觀察到玉山的地質，活動的講師，也就是玉山國家公園的陳隆陞科長，帶著學員由東埔出發，前往目的地——雲龍瀑布。我們由深谷沿著山路攀上高崖，這一路上，在陳隆陞科長的引導下，我們認識玉山的身世。他說：「這段路我們可以看到各種不同的石頭，上面長滿各種結晶，大家可以用心去看——石頭可以分成火成岩，由岩漿直接噴發而凝固的，在台灣可以看到的火成岩不多，在陽明山上可以看到，其他在台灣本島是零星出現……，在這裡還可以看到沉積岩，再過去是變質岩……。」

短短的三天，我感受到自己的靈魂，能安居在有規律的靜默中，彷彿城市已離我遠去，我忍不住在山中祈禱，願這份平靜能維持到下次的來訪……。

不退休的人生

退休是一種心理狀態，對一位能夠終身學習的人來說，他的字典是找不到「退休」二字。退休通常是指工作一輩子，辛苦賺錢養家，到了某種年紀功成身退，得以安享天年。對於許多人來說，一旦脫離了經濟活動的角色，就全然失去了生活的動力與目標。因爲他們已經不再有夢，也不再好奇，也忘了自己原本最想要做的事。

邱吉爾說過：「人的一生都需要有一種興趣，然後你必須去認眞對待你的興趣，不斷地培養它，那麼你就會有很豐富的人生。」也就是說，不論你周遭環境如何，在你心中，都要爲你最想做的事保留一個位置，只要有時間就要去經營一下，豐富另一個自己，正如張照宗夫婦，他們能共同尋找到一個學習的方向。

學習是一個人前進的動力，學習更是沒有年齡的限制。然而學習是一種習慣，它需要在興趣中不斷地練習，一個沒有學習熱情的人才是眞正「退休」的人。人對大自然有著與生俱來的「孺慕之心」，所以接近自然才能找到你心中最眞的渴望。

1997.12.21

心靈夢土

生物學家威爾斯說過：「人有親近自然的天性。」也就是說，人是無法脫離自然而生存的。然而人類正以極快的速度來滅絕世界的其他物種，使得生物世界的種類及多樣性面臨著十分嚴重的威脅，這樣的結果，對於人類的生活品質及精神層面都造成了直接的衝擊。我們要放棄「人是萬物之靈」的自我主張，學習與其他生物和平相處，應該是二十一世紀人與環境之間，所必須建立的基本倫理。

前幾天看到報紙上有一則新聞，談到有一位先生在台北的大安公園中的水池釣魚，後來被警察以竊盜罪的名義拘捕，這位先生非常生氣的表示爲什麼台中可以，台北就不可以呢？我想重點不是在於警察管不管，而是很多人對於公跟私之間的觀念一直很混淆，我們不可以因爲自己高興就把公家的東西帶回家，就像我們在戶外欣賞到一些美麗的動物植物，也不要只想把牠們佔爲己有，是公有的就該屬於公有，是自然的就該留給自然。

關渡賞鳥

那天我發現了一條很精彩的賞鳥步道。這個路線是一位鳥類專家告訴我的。他是中華民國野鳥學會的顧問，同時是前任的理事長郭達仁先生。郭達仁經常擔任保育解說的老師，他同時也是一位醫師，今天他要帶我去關渡欣賞飛羽之美。

郭達仁說：「我們現在下車的地方就是大同電子公司，對面就有一個憲兵隊，面對憲兵隊的右手邊有一條巷子，我們走進去後就可以接上一個防波堤，這裡是我賞鳥十七年來我最愛的路線，我個人是把它當作景觀道路。現在我們就拿著望遠鏡出發，左手邊的水溝有一些魚狗以及磯鷸，走一段後會發現烏秋與八哥。這個防

中白鷺 *Egretta intermedia*

鷺科，intermediate egret，身長約70cm，嘴為黃色。

大白鷺 *Egretta alba*

鷺科，great egret，脖子常彎成「S」狀。

波堤大概兩公尺寬，很乾淨，我常帶著孩子來這裡騎腳踏車；這段路人很少，慢慢走到關渡宮大約需要兩小時，常常會看到一些鷺鷥停在防坡堤上，非常美麗。來這裡最好是早上六點多，鳥聲大噪，太陽從你背後昇起，暖暖得又不會刺眼，很舒服。這條路眞的很美，希望大家有空也能來這裡走走走。」

小白鷺 *Egretta garzetta*

鷺科，little egret，身長約61cm，嘴黑色。

巡山員的故事

我的朋友方有水先生，他是玉山國家公園塔塔加地區的巡山員。自從玉山國家公園成立以來，他就在這裡工作，那天他特別向我說明他的工作。

方有水說：「巡山員在國家公園，是負責清理環境，以及協助山難的工作。整個國家公園的登山步道都是由我們去清理的，一些垃圾我們就在當地處理，不可燃的罐頭我們就會把它們帶下山，我們現在每次巡山都是三、四天。」

身爲一位經驗豐富的巡山員，方有水的體格十分強壯，他本身出生於東埔，是一位布農族的青年。他從小就被父親帶著在山裡到處打獵，除了對山中的狀況十分了解外，他對授獵更是鍛鍊出一身的工夫。然而這樣一位獵人，卻變成一位保育人員，方有水又是如何和跟自己的族人溝通呢？

方有水解釋：「我們從祖先開始，就有打獵的傳統習慣，當初到國家公園要禁獵也很不習慣，常常看到動物就會用手指著，啊，我從這裡就可以把牠打下來。後來我們也開始宣導我們自己的族人，告訴他們我們要愛護動物，但是有的時候還是會有一些掙扎，因爲有很好的狩獵技術，卻不能傳給下一代。」

不過，他最有成就感的就是現在爬山的人很少丟垃圾了，也把垃圾帶下來，表示他們宣導有成。環境清潔需要靠所有人的努力，希望所有愛山的朋友，都能像一位巡山員一樣，爲我們環境清潔而共同努力。

土石流的形成

一九九六年的八月，賀伯颱風爲台灣帶來了空前的災難……。一九九七年的十一月，有一群對地質十分有興趣的朋友，聚集在濁水溪支流陳有蘭溪的沿岸，實地了解去年賀伯颱風所帶來的土石流，對南投縣的信義鄉所造成的傷害……。

中興大學水土保持系的博士候選人許中立，對著許多學員來說明傷害造成的原因，以及如何針對上次的問題，進行修補。他說，土石流產生首先要有很好的坡度，以及充分的水量，並且要有很多的堆積物在河床上，在陳有蘭溪的沿岸因爲有許多的民眾居住，所以當時造成了很大的傷害。根據成大教授謝正倫從民國八十一年到八十六年的研究發現，全國有四百八十五條土石流的危險溪流，非常值得我們密切注意。所以做好水土保持是刻不容緩的工作，至於一些高危險的地區，更要徹底的執行疏洪的演練，做好各種先前的準備，才能對自身的生命與財產有所保障。

尋找夢土

最近有一條新聞，談到有一群台灣同胞，集體到美國去，他們相信世界終將毀滅，上帝會派飛碟把人接到美麗的國度去。

前陣子台灣各種駭人聽聞的社會新聞頻傳，中共又三天兩頭射一顆飛彈，許多人跑到美加、紐西蘭當移民，因爲他們相信台灣不能待了，誰知道下一個犧牲者，會不會是自己？追求更好的生活原本是人類的本能，爲了這個目的，有人離開自己的國家，有人離開這個地球。但是，眞正的「夢土」及「樂園」到底在那裡？

那天去關渡賞鳥，我們發現這裡眞是一塊美地。站在河堤上，欣賞天地間穿梭來往的鳥類，牠們的鳴唱與飛姿，深深感動我們。原來眞正的「夢土」及「樂園」其實就在我們的心裡，一個懂得反璞歸眞、心地善良純潔的人，就算是各種惡劣的環境中，也能活出高貴自在的生命。

如果你還在準備離去的行囊，記得也要去整理一下自己的心房。

1997.12.28

危機總動員

你從大地一躍而起，往上飛翔又飛翔，平展著你的翅膀，
不歇息的邊唱邊飛，邊飛邊唱……

那天清晨我看到了一群白腰文鳥，讓我想起了雪萊的這首詩。這群白腰文鳥出現在收割後的農田裡，牠們是台灣普遍的留鳥，我們非常容易看到牠們。白腰文鳥身長大概只有十一公分，全身是暗褐色，特徵是腰是白色的，而且尾巴是尖尖的，遠遠的看還以爲是麻雀，其實你所看到的，可能就是白腰文鳥。

其實在台灣冬天的森林中還是十分熱鬧的，除了白天有各種鳥類的歌聲，在夜裡更是充滿著各種蛙類的鳴唱。今天，我就要在青蛙專家楊懿如的帶領下，去欣賞冬天的青蛙；接著讓我們一起來關心苗栗後龍溪雁鴨暴斃事件，我要跟著獸醫祁偉廉去尋找牠們死亡的原因。

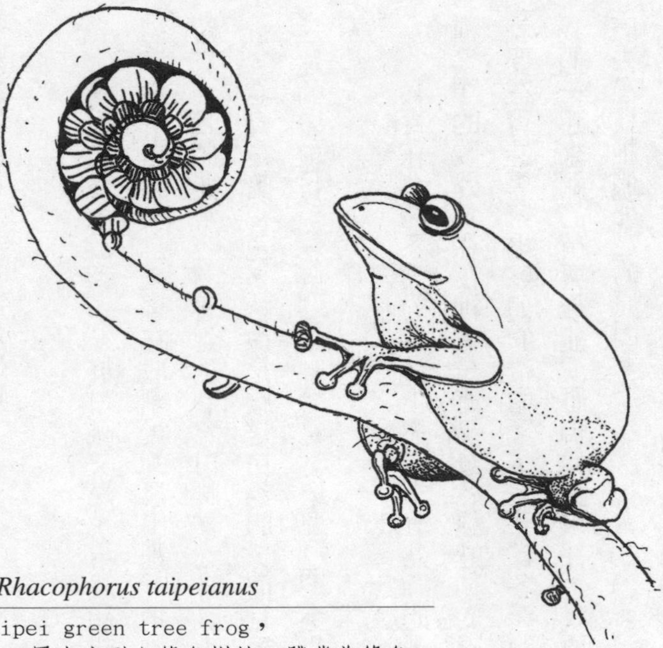

台北樹蛙 *Rhacophorus taipeianus*

樹蛙科，taipei green tree frog，
台灣特有種，屬中小型之綠色樹蛙，體背為綠色，腹面、四肢蹼膜及眼部虹彩為黃色，部分個體腹側及鼠蹊部有淡藍色斑塊，但無黑色斑點。
分布海拔1,000公尺以下之地區，目前的分布大部分在濁水溪以北，尤其以台北及宜蘭之低海拔山區較多。

台北樹蛙之歌

在這個季節中，台北縣的烏來地區裡到處都是台北樹蛙的歌聲，那天我跟著台大動物系博士後研究員楊懿如，一起去尋找「台北樹蛙」的身影。

天黑之後，我們拿著手電筒上山，今天的天氣非常濕冷，但是在我們附近的溝渠中的台北樹蛙，卻熱熱鬧鬧地唱起歌來。

楊懿如說：「台北樹蛙是台灣特有種，分布在南投縣以北，一千公尺以下的山區才有。稱作『台北』，是因爲一開始只有台北盆地附近才有。牠的體型一般是三到四公分左右，母蛙大概是五公分左右。壽命方面，根據我野外的調查一般是六歲，在青蛙方面算是蠻長壽的。在從外型來看，牠的背部都是翠綠色的，肚子是黃色的，很小巧可愛，眼睛大大的。」

台北樹蛙喜歡冬天，牠們的繁殖季節是在冬季，也就是從十一月到明年的三月，都可以聽到牠們的叫聲。楊懿如說：「過去我在陽明山上研究，如果鋒面經過，氣溫降到十八度以下，牠們就會開始繁殖，所以和一般青蛙不一樣，過去我們在學校學過，春天來了萬物開始繁殖，但是對台北樹蛙而言是冬天來了開始繁殖，這就是台灣有趣的地方，一年四季你都可以看到不同的青蛙。」

我的一位朋友曾經對我說，因爲你認識，所以才能看得見。但是我們周遭環境有許多事物，也常因爲我們的無知，而遭受到破壞，一些道路工程的開發，就常常犧牲其他生物的生存權，到最後我們連失去了什麼都不知道。

危機總動員

曾經有一部電影叫：「危機總動員」。內容是描述一種來自於非洲的世紀恐怖病毒，入侵美國的故事。這種病毒造成無數人畜死亡，科學家對此絕境均束手無策，考慮以集體摧毀的方式，來保障大多數人的生命。所幸一位聰明的科學家，找到一隻已經帶有抗體的非洲猴子，因此挽救了眾生。

事實上，這樣的故事絕非憑空虛構，從最近的口蹄疫，到香港的禽鳥型病毒H5N1，都帶給人們許多的恐慌，這種造成集體死亡的病毒，若是沒有及時製造出解救疫苗，也只好靠大量撲殺來解決。然而這種疫苗的產生，必須仰賴平常充分建立與蒐集的各種血清樣本，因此任何一次可能引起疫情的動物集體暴斃事件，都需要受到相當的重視，防疫單位更需要去徹底了解死亡原因，並且要以最快的方式去找出可以防治未來（可能是十年或二十年後）疫情漫延的病源抗體。

然而在十二月九日，苗栗後龍溪卻傳出了雁鴨科的冬候鳥暴斃事件，當時消息由地方傳出，有人在電視媒體上表示這些雁鴨是被餓死的，畫面上卻可以看到大量洋燕在水上尋找食物的情況。十二月十日我特地跟著祁偉廉獸醫，去現場了解情況——只見原本清澈的溪流河床上，雁鴨橫屍遍野，十分淒慘，有的已經腐爛生蛆，甚至還有外勞想把牠們帶回去吃——見到此景，祈醫師立刻分派工作，帶著關心環境的民眾一起清理善後。

祁偉廉醫師曾經救援過無數的動物，對於這份工作有強烈的使命感。他經常上山下海去協助各種解救工作，這次雁鴨暴斃事件，祁偉廉醫生以最快的速度趕到現場，和苗栗鳥會的朋友研究可能死亡的原因，並立刻沿著河岸，來撿拾雁鴨的屍體，進行清點與掩埋的工作。

由於雁鴨死亡已有時日，卻不見地方防疫單位的關心，讓人對政府處理事件的反應能力十分懷疑，如果這是一種病毒感染，相信我們已經錯過了蒐集抗體的最好時間，許多災難可能因此產生。

此話絕非危言聳聽，而是希望我們都能提高警覺，防範疫情產生。政府單位更不要急於劃清界限，深怕疫情是由本地產生，會因此丟了自己的烏紗帽，而是能謹慎處理任何一次危機，眞正保障民眾的生命安全，才能不負民眾所托。

輯 二

俯仰綠野的人

每個人心裡都有許多扇窗口，
也許需要一些機緣，
來觸動那被遺忘的角落，
並以全新的視野來看待這個世界。

打造自然之夢

趙甦

當踏入這山谷的那刻起，也踏出了城市的煩躁。一脈清流繞過層層磊石，歌詠著森林的主調，儘管四周山雀啁啾，卻不及花間蝶舞的熱鬧。翩翩彩翼向你簇擁環抱，這裡交織著各種與自然相逢的可能。你除了可以輕易地觀察到蝶兒動人的身影外，更可以認識其他動物與植物。坐擁這片山林的人，其實有著都市人簡單的寂寞與夢想，他就是千蝶谷生態農場的創辦人——趙甦。

「在這裡，昆蟲蝴蝶是主人，我們是客人。」懷抱著這樣的信念，趙甦在經營這樣一片農場時，不但要維持自然本色，更積極地希望能邀請更多的生物來造訪千蝶谷。他在農場中種植了許多蝴蝶喜愛的「美食」，因此在馬櫻丹、長穗木、馬利筋、金露花等蜜源植物中，你將可盡情欣賞到各種斑蝶與蛺蝶的絢爛繽紛。

其實，擁有這樣一座有如仙境的農場，是很多人無法奢求的美夢。輔大企管系畢業的趙甦，也是在各種因緣聚合下變成了農場的主人。過去十多年來，他都是從事兒童美語班的教育事業，不過他也是一位「昆蟲痴」。只要閒來沒事，他一定開著吉普車，跑遍台北的近郊山野，尋覓各種昆蟲的蹤跡。多年來，他發掘了許多不為人知的「祕密花園」，甲蟲與螢火蟲更是他定期拜訪的老友。這份自然之愛，就像是私釀的醇酒，除了自家人得以飽嚐美味之外，他期待與更多的人分享。

五年多前，趙甦來到汐止北港溪上游一片荒廢已久的田園，被樸實天然的情景所深深吸引，卻正好巧遇了這裡的地主。多年來希望帶領大家進入自然的心願，似乎找到了一個機會。於是，他租下了這三千多坪的荒野天地，開始打造這份人對自然之夢。

身爲兩位孩子的父親，趙甦對兒童與親子教育特別有心得。「台灣其實有非常豐富的昆蟲資源，可是一般人對這樣的認識很欠缺，也沒有太多的機會去接觸，尤其是小朋友，因爲沒有人來帶領。」趙甦深深體會，走進自然，「引導」是非常重要的。

尤其是每當週休二日或是放長假時，他看到許多父母喜歡帶孩子去溪邊釣魚玩水烤肉，卻錯過了最重要的活動，也就是帶領孩子認識自然。趙甦建議，帶孩子去戶外遊玩時，父母必須先做功課，也就是最好能先蒐集一些資料。他說：「比如對鳥有興趣，對昆蟲有興趣，就要閱讀相關的資料。最好能參加一些保育團體辦的活動，有解說老師帶著入門，你會發現野外其實是很好玩，而且非常有挑戰性。」

而當初千蝶谷的成立，提供的也正是這樣一個「入門」的機會。因爲大自然，本身就是一個最好的教室。蓊鬱的森林，則是孕育昆蟲的天堂。這裡越過山

・千蝶谷生態農場中的孔雀青蛺蝶

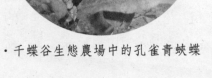

的稜線，就到了陽明山國家公園境內，所以自然資源非常雄厚，算是一個大型的「教材園」。農場內還架設一個很大的網室，在其中飼養許多蝴蝶，以方便學員進行觀察。除此之外，儘量就地取材，甚至把周遭的植被與水文生態，都納入了教學的範疇中。

由於以教學爲目的，所以來此地的團體，大多是台北市的小學爲主。趙甦認爲，小學自然課本中關於昆蟲方面的知識太淺了，因此還可以有很大自由發揮的空間。然而，讓孩子對自然產生愛，觀察與飼養昆蟲其實是很好的切入角度。因此，他花了非常多的時間，針對千蝶谷的昆蟲生態設計了十分精緻的研習手冊，讓孩子在大自然中能上最豐實愉快的一課。「現在孩子日常生活是很富足，但是對自然生物都很陌生，我希望能帶著孩子親近自然、認識自然，這會讓孩子整個學習態度，整個生活，甚至人生觀都會有很大的改變。」趙甦堅定的表示

近年來，也有許多環境教育的學者，試圖爲生態農場定位。但是對趙甦來說，這一切只是一個單純的夢想，然而這個夢想卻撐得很辛苦。

「這一切都是從興趣出發，雖然從頭開始我也沒有希望賺錢，但是經費拮据的結果，就會造成經營上的瓶頸。」趙甦難掩無奈的神情。

他舉其他先進國家爲例。在日本，這類的農場，都是有地方政府或是財團法人的

支助，來維持高水準的展示。但是台灣這些私人的農場，如果以教育爲目標，將經營得非常辛苦。若是要配合市場需要，增加一些不必要的遊憩設施，又往往犧牲了保育的美意。

諷刺的是，當千蝶谷開始建立名聲時，原本的地主卻希望收回，來經營土雞城，更讓趙甦感到灰心與無力感。

雖然有現實的壓力，趙甦仍然有夢。他相信千蝶谷這扇門將會永遠開啓，「那麼就會有更多的孩子可以認識自然，他們將會發現台灣是如此美麗的島嶼。」但願，這份人對自然之夢，能隨著曙光破蛹振翅，散播生命最瑰麗的色彩。

追尋黑色風箏的人

沈振中

從那天起，他終於尋回那曾經失落的黑色風箏。風劃過山谷，從稜線後的樹林吹來，黑色風箏越飛越高，在霓彩中展翅飛翔，不歇息地唱著：「ㄈㄧㄡ，ㄈㄧㄡ」，起落間，時而優雅，時而豪邁，他的心被這場邂逅徹底俘虜，從此風箏飛到那裡，他就追到那裡……。

清晨，船笛在基隆港內響起，沈振中帶著去年被送到鳥會收養的「寶貝」，坐在路橋下的黑鳶紀念碑前，定定地遠望基隆港的外海上空。

從發現老鷹（黑鳶）的那天起，坐著，成為他最常見的姿勢；等待，卻變成他生活中的常態。

九點鐘，我準時赴約。今天的日誌欄上記著：「和沈老師去看老鷹。」沒想到，才第一次見面，在車水馬龍的忠一路旁，沈振中和「寶貝」就在眼前。

「寶貝」是一隻被截斷右翼的小老鷹，才八個月大，卻永遠也飛不回自己野外的家。沒有人知道當初寶貝是怎麼受傷的，只知道「寶貝」是在垃圾場被撿到的，命大的「寶貝」被一群愛鳥的人終身收留。沈

・沈振中與「寶貝」

振中望著「寶貝」說：「全台灣目前只剩下一百五十隻左右的老鷹了，所以每一隻都是寶貝。」

六年前，沈振中就是爲了這一隻隻「寶貝」，離開了十年的教職工作，從此全心投入老鷹的生態記錄。曾經，他也不確定自己人生的目標。然而在德育護專教書的期間，他在外木山的海岸發現了一群老鷹，並見證了一段因爲人類開發，使得老鷹生命與棲地受到破壞的整個過程，從此改變一生。沈振中說，不知道是我選擇了老鷹，還是老鷹選擇了我。不論如何，一場相遇，讓沈振中找到了生命關注的焦點，也找到了與自然界巧妙的連結。

基隆港是沈振中帶我看老鷹的第一站。這裡每天到了十點多就會有老鷹陸續報到，在等待老鷹的時刻裡，我隨著沈振中，看他把「寶貝」放在東一碼頭旁的草坪上，讓「寶貝」活動筋骨，順便「見見老朋友」。其實我不確定那些從空中掠過的老鷹，是否在乎這位與人類共處的「寶貝」，但是我很確定沈振中對「寶貝」舉手投足的含意與情緒，比誰都了解。

對大自然有強烈感應與認同的人，眞實生活應該更能貼近自然吧，我暗忖著。

他的家證明了我的假設。接近中午，港區飄來一陣雨。把「寶貝」送回鳥會後，我來到沈振中「四壁皆空」的家。

他是我見過最「徹底」的人。自從開始記錄老鷹的生態之後，沈振中幾乎送走了家中所有的家俱，他說，「人活著實在不需要太多東西。」在和兩名學生分租的公寓裡，沈振中所擁有的是一間兩坪不到的小房間。在一張小小破舊的書桌上，沈振中完成了兩本書，詳細記錄了老鷹豐富精彩的生活史。然而沈振中自己的生活，卻極爲簡單樸實。他把生活的需求降到最低，過著有如清教徒的生活。

沈振中深受動物學家珍古德博士的影響，他所保留的一份有關珍古德在岡貝研究黑猩猩的報導中，沈振中在一旁寫著：「接近自然三步曲：迎接、擁抱、裸裎相見。」這就是他生命所要貫徹的理念，他自認還只是在起步的階段。

然而最特別的是，在沈振中難得的「傢俱」中，卻有一件是「遺照」，一件是「遺書」。

不知情的人以爲他有厭世的想法，了解的人知道這是一種「逆向」的思考方式，爲自己的終點預先安排，反而能幫助一個人看清楚人生的目標，過得更積極、自主、勇敢。

午后，屋外天氣逐漸晴朗。沈振中騎著跟朋友借來的摩托車，載著我上山去看老鷹。

翻過幾個山頭，我們來到了一片蟲蠅茲生的垃圾場，這裡就是所謂「老鷹點名區」，也就是指老鷹要回林子睡覺前「聚集點名」的地方。

到了定點，沈振中習慣性地拿出他十倍與二十五倍的望遠鏡，向著垃圾四周林子搜尋起來，他問我：「你看到幾隻老鷹？」我貼著十倍望遠鏡數去，應該有六隻吧。他笑著說：「我已經數到十六隻了。」

原來這附近隱藏著這麼多隻老鷹，我不死心地一邊揮蒼蠅，一邊數數。一旁的沈振中，氣定神閒地記錄下他今天的觀察，毫不在意附近一陣陣飄來的惡臭與纏繞不絕的蟲蠅兵團。

下午五點，天色逐漸昏暗，離開「老鷹點名區」，沈振中帶我來到了「老鷹休息區」。

這裡是一處風景清幽，人跡罕至的山谷，當初沈振中就是這樣一路追蹤老鷹，才發現此地。

我們在山谷中等待起風，希望能欣賞到老鷹最後的聚集盤旋，然而等了半晌只見三隻老鷹零星掠過，沈振中說最多可以看到三十隻，想必其他的，可能已直接回後頭林子裡去休息了。

當夜蟲啓鳴，星光浮晃，沈振中仍不放棄地向著天空做了最後的檢視，他說，「過幾天，我就要去南部找老鷹了」。就這樣繞著全島跑，沈振中追尋每一隻「黑色風箏」的動向，他語帶堅毅地表示：「我要爲老鷹記錄二十年」。

我知道在每一個有風的日子裡，沈振中必定守候於此，因爲在那片天空裡，有著他對生命的允諾。而單純高貴的夢想，正隨著黑色風箏，朝向彩霞展開雙翼，給大自然最熱情眞切的擁抱。

最後的獵人

Aboom

身爲一位獵人，泰雅族的Aboom從小就被培養得冷靜又有耐心。Aboom，意思是「勇士」，在原住民的社會中沒有英雄，只有勇士與獵人。每次越過人跡罕至的荊棘灌叢，Aboom總是細心地檢視動物們留下的新鮮痕跡，他能敏感的嗅到牠們的氣味，聽到牠們在附近活動的喘息與跫音。二十年的叢林訓練，使得Aboom 熟悉森林裡的一切，才三十三歲的他已經成爲一位經驗豐富的成熟獵人，也是村子裡少數以狩獵維生的青年。

第一次見到Aboom時，他正幫著烏來鄉公所的環保隊搬送村子的垃圾。清潔隊員是Aboom在打獵之餘的「外快」收入。雖然擁有一身狩獵的精湛技能，對於沒讀過幾年書的Aboom而言，森林才是他唯一的舞台，只有在那片原始的闊葉林中，Aboom才能找到自信的來源。

從福山村走到哈盆大約需要四小時，Aboom每三天就會上山巡視置放在林間的獸夾。這波冷氣團的

・Aboom辛勤地狩獵，為的只是讓孩子有更好的「經濟」環境。

籠罩，也讓獵物跟著變得冷清，Aboom 感嘆地說：以前一個月可以捕捉兩三隻山豬，現在一個月可能也捕不到一隻了。不但數量少，種類也受到限制。除了山豬外，抓其他動物可是冒著觸犯野生動物法的風險。儘管如此，Aboom和其它各族的年輕獵人一樣，狩起獵來可是百無禁忌。不像過去傳統的獵人，對於狩獵季節與獵物大小都有一定的規矩，也絕不侵犯帶著小豬的母豬，而關於狩獵的迷信與神話，在以往一切完全倚賴山林的日子裡，則發展出一套善用自然資源的遊戲規則。

南勢溪畔的地熱溫泉，蒸騰出的氤氳水氣，將山城緊緊環繞。今年六十八歲，出生在烏來鄉拉卡村的周萬吉，是一位泰雅族的退休老校長。遠望著浮晃在山巒前的嵐煙，回想起長輩們的狩獵經驗，周萬吉悠悠地說：「跟現在很不同了。」傳統的狩獵是極為莊嚴的活動。出發前，頭目必須再三確定同行的人行為是否踰矩，連Silak 鳥的叫聲與動作也會直接影響過程順利與否，務必摒除所有不吉利的因素，才能進行狩獵活動。

嚴格的規範，顯示出「狩獵」被期待的意義與價值。過去因為獵具簡單，每次的狩獵都是一場人力與自然的角力戰，獵人的勇氣及體力固然重要，經驗與智慧更代表了能力的眞正內涵。而傳統的狩獵智慧，正反應在資源的合理運用與分配上。在泰雅族的社會中，主要的狩獵時間是以每年的新年、結婚活動、與七月十五的豐年祭為主，獵人不會漫無目標地去打獵，而且獵場是採輪流制，誰也不吃虧。至於捕捉的動物量，只取足夠族人想用的量，絕不濫拿。

幾十年前，這裡是遺世獨立的部落，居民的糧食一切要自給自足。正由於資源有限，人類倚賴土地的關係更爲密切直接。這樣靠山吃山的生活，人與其他物種的自然消長需要維持一定的平衡，才能確保自己的生存權，畢竟人只是自然中的一員，缺乏其他動植物源，人將滅絕，然而如果沒有人類，自然界仍充滿生機。當現在「永續經營」成爲一個新的口號時，在傳統的原住民社會中，早就體認到人是不能脫離自然而居，萬物生界均環環相扣，尊重自然才是唯一的出路。

然而，外來勢力的侵入，隨著道路的開挖，一路貫穿下去，伴隨而來正是價值觀的嚴重瓦解。傳統部落的生活，也由於各種經濟誘因而逐漸變調。居民人口大量外移，不想到城市裡工作的人，則回到部落裡打打零工，許多無所事事的人只好買醉度日。連昔日莊嚴的狩獵活動，也成爲部落男子的休閒樂趣，或是賺取金錢的手段。

對於Aboom而言，今天生活的壓力，不是在森林中與獵物的搏鬥，而是如何賺更多的錢，爲家人換取更好的生活品質，讓孩子能接受更多的教育。今天Aboom所擁有的散彈槍，強大的火力是過去弓箭與番刀所遠遠不及的，就和許多有責任感的父親一樣，Aboom辛勤地「工作」，努力獵取更多的動物，來滿足各種客戶的需要。

然而大環境開發的破壞，加上過度的捕殺，Aboom承認因爲烏來都打不到獵物，只有動宜蘭保護區的主意了。身爲一位獵人，Aboom並不認爲獵人是英勇的，他說自己已經殺到會怕的程度，身材壯碩的Aboom說：「不知道爲什麼，那隻小山豬我就是沒辦法下手，我甚至怕得爬到樹上去呢，」

而這種游走在法律邊緣的工作，也讓他非常迷失。畢竟在傳統的社會中，狩獵有足夠的社會規範與文化價值來作爲依據；而Aboom目前的工作，除了鍛鍊出一身絕佳的技巧外，卻缺乏了傳統獵人與自然物種間相互依存的靈魂，使得獵人的角色由「勇士」淪陷爲冷酷的「殺手」，讓他心中充滿掙扎，也希望孩子將來不要再步上他的後塵。

在原住民小學教了一輩子書的周萬吉，不由得感嘆地說：「也許是該向祖先學習管理山林智慧的時候了。」雖然如此，在教育孩子的素材中，卻沒有資料可以幫助老師，讓這些文化內涵能夠傳承下去。如今，失落的不僅是狩獵的傳統精神，更是人對土地的虔誠情感，於是山林變色，動物杳渺，同爲大地子民的我們，又如何快樂得起來呢？

夜訪青竹絲

林華慶

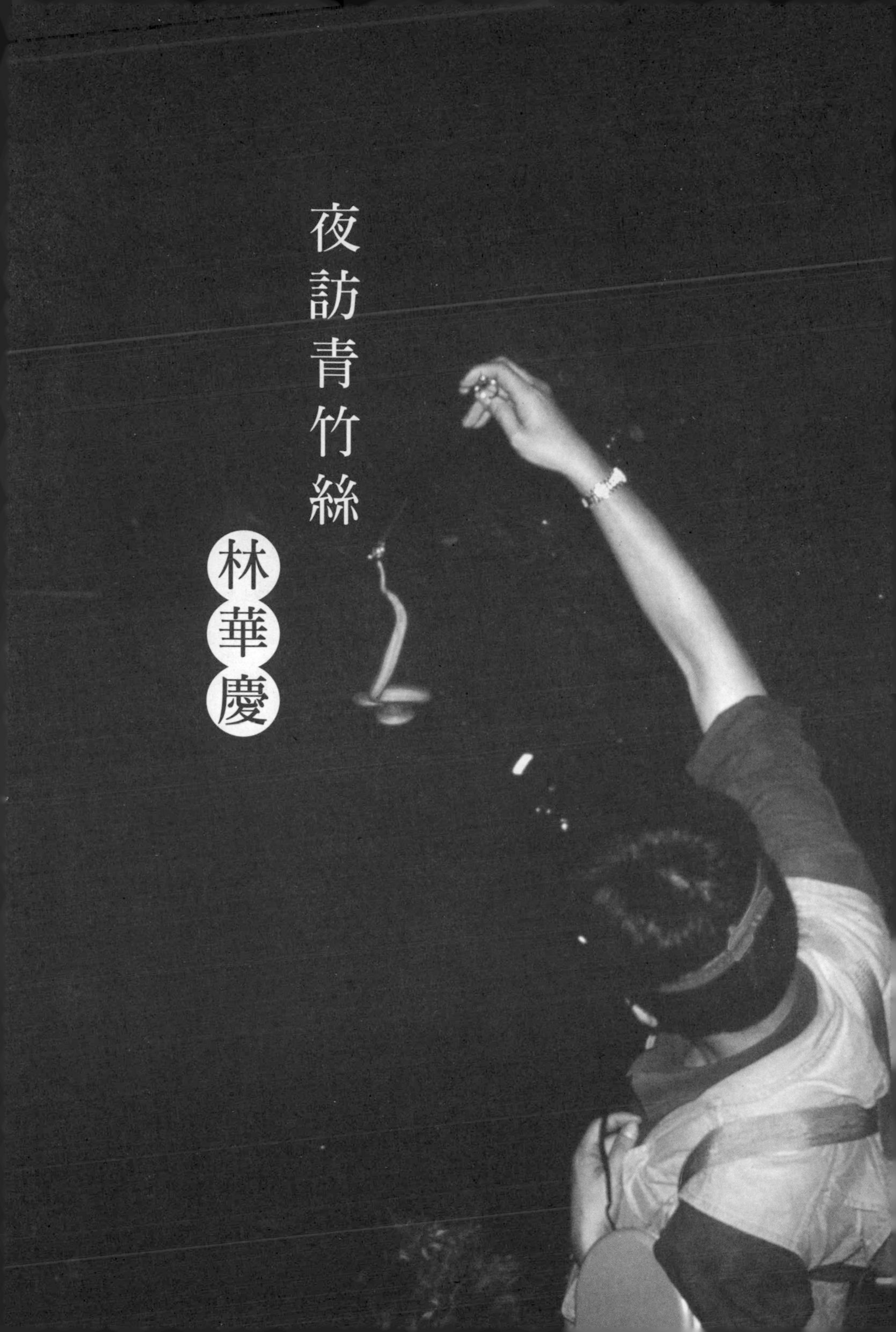

・樣區中的青竹絲都被登記有案

今晚的山中並不寂靜。環抱在田野間的溪澗，原本深鎖在黑暗的單一旋律，被一波波撩水聲而打亂。這是一個沒有月色的夜晚，然而四處交射的燈光，卻將周遭樹影拉扯出誇張的表情。

我屏息凝神，小心翼翼地跨出每一步，走在深淺不定的溝渠中，感覺直逼叢林作戰的行軍畫面。在我及膝的黑色雨鞋上，方才停留過一隻面天樹蛙，我不禁懷疑，身旁的灌木叢中，是否正冒射出一對紅光，打量著這隻剛脫困的獵物。

走在最後的林華慶，警覺地發現樹藤後的顫動，定睛一望，青色的身影靈巧地在眼前晃過。身爲一位毒蛇專家，長期的野外觀察經驗，培養出林華慶獨特的敏銳度。

他拿出掃描器向前一揮，儀表版上亮出了一個號碼，林華慶一邊讀著：013AE1C……，一邊查閱著手邊的資料，興奮地向另一位研究生說，這隻早在去年五月就被發現，算是老朋友了。

這片樹林中，有關青竹絲的一切，沒有人比林華慶更清楚。他是台北市動物園兩棲爬蟲動物收容站的負責人，生肖屬蛇的他從小就喜歡蛇，他在這裡和另外兩位師大生物系的研究生王緒昂與蕭之維，追蹤記錄這裡青竹絲分布及活動的情況，已經有一年多的時間。

這片山區裡所埋藏的青竹絲，幾乎都有屬於自己的「身分證」。爲了更精確的研究，這群動物學家將所看過的青竹絲，在皮下都注入一只薄如蟬翼的晶片，於是曾交手過的青竹絲，都被「登記有案」，以便進行長期的觀察與記錄。

赤尾青竹絲是台灣五大毒蛇之一，毒性雖然不是最強的，但是也足以致命，牠們在夜間的時候，喜歡來到水邊尋找食物。爲了要貼近這種毒蛇，必須全副武裝，不但要穿雨鞋，還要配帶方便夜間觀察的頭燈。

林華慶他們每一個月會來此樣區一次，平均每次待上兩到三天，他們在山中借住在一處私人閒置的空屋裡，除了可以暫時棲身外，還可以幫助屋主定期清清房子。然而，大部份的時間裡，他們都是在戶外，辛勤地進行觀察研究的工作。

這條路上他們都會標明里程，每十公尺標一次，所以可以清楚記錄發現青竹絲的地點。一路上，我看著他們爲赤尾青竹絲量體重、身高，記錄下所有的資料後，再很溫柔地放回樹林裡，隨行的野鳥學會溫先生原先還一直說，這種蛇最可怕了，鄉下人最恨這種蛇。但是經過一夜的接觸，他也承認，青竹絲似乎不那麼可怕。

夜晚，除了頭燈所照射的範圍，其他的地方一片漆黑，偶爾我會聽到樹林間的蛙叫蟲鳴，其他的時間，都是隨著林華慶他們一起很專注地尋找青竹絲的下落。整個晚上，我總共看到了一條雨傘節，一隻正在睡覺的伯勞鳥，以及二十多條青竹絲，顯然在這流水之畔，正是這種動物棲息聚集的快樂天堂。

林華慶說，許多村民看到他們在研究毒蛇時都非常不以爲然，直說：「看到蛇，打死就是了嘛。」甚至有些民眾很排斥他們的研究，覺得這會引來更多的毒蛇，對他們的生活造成威脅。

我想起了小時候在家附近的那片田，經常可以看到許多被打死的蛇，橫屍遍野，有的只是水蛇，卻受到人類全面撲殺。而無毒的青蛇，由於時常被誤認爲青竹絲，因此招來殺機。

林華慶解釋：「有些毒蛇對人類會有威脅性，但是只要我們不去主動攻擊牠，大部份的蛇是不會傷害人的。」比起在華西街裡，那些生剝蛇皮的殘忍畫面，人類對蛇的虐待，往往更甚於此。

生物界原本環環相扣，我們經常忽略自己的存亡，需要仰賴其他物種的力量。事實上，蛇會吃一些危害農田的鼠類，毒液更經常應用在醫學研究上，所以牠對人類還是有相當的貢獻。

然而在林華慶研究的路線上，最近爲了要擴展一條直通私人遊樂區的道路，原本的山路被鋪上柏油，溝渠兩壁被糊上水泥，硬生生地剝奪了自然生物的生存空間，許多生命的延續在此劃下了句點。這是一個十分典型的例子，台灣許多工程建設從來不曾考慮生態的需要，由於無知，我們連失去了什麼都不知道。

接近午夜，月光開始靜靜地瀉在大地上，這是我一輩子看過毒蛇最多的夜晚。我發現，不論是對待什麼物種，只要多一份了解，就會多一份尊重。而走在溝渠中的林華慶，正望著叢林裡歸去的赤尾青竹絲，感嘆地說：「我們是否想到，牠們也有使用土地的權利呢？」

傷鳥天使

黃惠慈

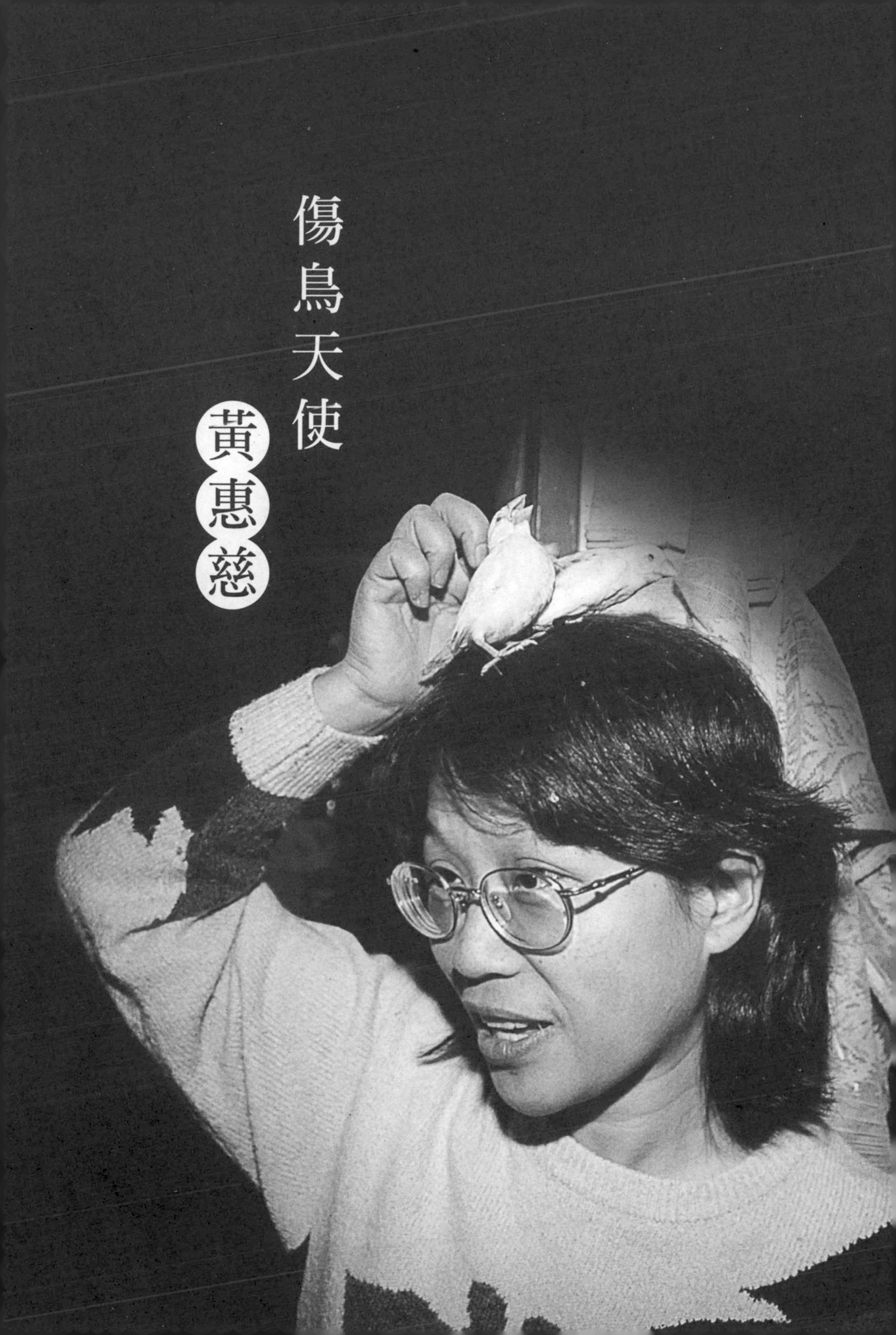

・十坪不到的閣樓中，黃惠慈為傷鳥佈置最溫暖的家。

夕陽渲染的大學校園，晚上七點之後，一切跟著沈澱下來。系辦前的茂密樹林中，偶爾會傳來一聲悠遠低沈的長嘯，讓夜顯得更加神祕。

許多人都知道，林中的樹洞間有一個貓頭鷹的家。幾天前，有研究生撿到了一隻受傷的小貓頭鷹，把牠交給了懂鳥也愛鳥的黃惠慈。爲了讓這隻尚未離巢的孩子能回到父母的懷抱，黃惠慈連續幾夜巡視校園，卻無法發現貓頭鷹家人的下落，只好把小貓頭鷹帶回家暫時收養。

這隻小貓頭鷹的加入，使得閣樓中的貓頭鷹數量暴增爲六隻。這種貓頭鷹是台灣低海拔森林常見的猛禽，學名爲領角鴞。因爲數量多，所以受傷的機率也比較大，在黃惠慈所住的小閣樓中，除了領角鴞外，還包括了斷翅的八哥、番鵑，以及無法野放的各種寵物鳥，另外，還有兩隻已經痊癒，卻怎麼也不願意離開的鴿子與翠翼鳩。

小閣樓是一棟中古公寓的頂層加蓋。十坪不到的面積，除了一張床是黃惠慈的專屬空間外，其餘的全部貢獻給需要照顧的鳥兒。黃惠慈說，每到繁殖期，這裡經常是「鳥滿爲患」。於是廁所就成爲水鳥區，客廳成爲陸鳥區，她房間則成爲鳥兒的「加護病房」。

在大學擔任行政工作的黃惠慈，本身是台北鳥會救傷中心的義工，曾受過非常專業的救援訓練。多年來，在閣樓中「過境」的鳥兒不計其數，通常傷鳥們都是由各地的民眾拾獲之後，先經過獸醫祁偉廉的包紮治療，再交給鳥會的救傷義工來看護照顧，待牠們傷癒之後，就選擇適當的時間與地點進行野放，而一些已殘障或是不適合野放的外國鳥種，則由義工們各自收容。

黃惠慈的閣樓裡，沒有一般人對單身女子的浪漫想像，從客廳裡不時傳來的蟋蟀低鳴聲，讓你有走進叢林的錯覺，而牠們可是黃惠慈爲傷鳥們所準備的蟋蟀大餐。此外，養殖箱上還置放著一大盒的麵包蟲，只見那些肥軟的身軀蜷蠕在一起，黃惠慈說，這是鳥兒們的「自助餐區」。

爲了不讓鳥兒受到驚嚇，客廳通常在夜晚不開燈，順著手電筒的光源，你會發現在交錯的樹枝上，有幾隻領角鴞正瞪著大大的眼睛向你瞧。枝條搭在書架上方，四周是由報紙或是木頭等質材所搭起的各種巢穴，設計上非常注重「隱私權」，也就是你看不到牠，牠可以看到你。

黃惠慈嘗試模擬自然的情境，讓鳥兒在養傷的過程中，能感覺到安全與舒適。久而久之，鳥兒們也各得其所，黃惠慈很清楚誰住在「A棟」、「B棟」或是「C棟」，她像是大樓管理員一樣，對所有嬌客的行蹤可是瞭若指掌。

每天下班後，黃惠慈會習慣地跟每一隻鳥打招呼，她純真地說：「就像同住在一個屋簷下的家人，哪有回家不說一聲的呢？」爲了要和鳥兒溝通，黃惠慈還得模仿各種鳥語。招呼完畢，黃惠慈回房看書，把客廳還給鳥兒們，讓牠們自在地吵架或追逐，各唱各的調。

愛鳥成癡的黃惠慈，從小就喜歡養鳥，由於家人受不了小鳥整天在屋子裡竄飛，又不時從空中「投彈」，因而引發數次家庭革命。長大後，黃惠慈搬到姊姊家裡的閣樓來住，才得以享受自主的空間。她從不在意鳥兒們在她的傢俱上留下「排遺」印記，甚至還會感謝這些鳥的傑作。因爲節儉的她一向很少拋棄舊物，黃惠慈說：「就是靠著牠們的提醒，我才知道什麼東西需要汰舊換新。」

年紀輕輕的黃惠慈，房間裡卻看不到女孩子用的化妝台，倒是有一張破爛的書桌，上面總是放著一個盛水的臉盆，這正是鳥兒沐浴淨身之處。至於黃惠慈的床以及上方領空，則是鳥兒們的禁區。然而，每天早上，家裡的總管大臣——鴿子「小雞」，一定會在黃惠慈的床頭擔任起「鬧鐘」的工作。

天一亮，「小雞」就催促著黃惠慈開窗戶讓牠出去玩，然後再自行飛回家來。三年前，當時這隻眼睛還沒睜開的小鴿子，就被人在中正紀念堂中拾獲，因爲叫聲綿細，所以被喚爲「小雞」。當黃惠慈把牠養大之後，就再也趕不走了，每天在家裡跟進跟出，活像一位小管家。

也許和這些鳥兒相處久了，黃惠慈和鳥兒之間有著奇妙的感應。曾經有一隻垂危的紫嘯鶇住進了她的「加護病房」，當時她恰巧也生了重病，但是爲了救那隻正在發燒的鳥，她拖著沈重的身軀，坐在地板上用針筒把水灌到鳥嘴裡，持續八小時的搶救，紫嘯鶇恢復了元氣，奇妙的是，她的感冒也跟著痊癒。

事實上，相對於人類對於其他生物的傷害程度，救傷義工所能幫助的數量仍相當有限。儘管如此，還是有人質疑這樣的救援行爲，是不符合自然界「物競天擇」的法則。但是對黃惠慈來說，當一個受傷的生命交到她手上時，惟一的目的就是：「把牠救回來」。她說也許自己前輩子是一隻鳥，這輩子是回來報恩的。

我想起小時候讀過的故事。從前有一隻傷鳥，被一位小女孩救活並重返天空。有一天，小女孩心愛的氣球飛走了，正在傷心之際，沒想到昔日的小鳥又回到窗前，嘴裡還銜著那顆美麗的氣球……。我忽然明白，原來當年的小鳥，已經化身爲閣樓中的白衣天使，她懷著回饋的期盼，把自己奉獻給那些需要幫助的生命，讓牠們在失去與復得的渡口當中，有了更溫柔與尊重的對待……。

白頭翁飛呀飛

林金雄

・愛鳥的林金雄書房內全是關於鳥的蒐藏。

冬日的關渡平原上，天際間躍出了一群雁鴨，沒一會兒便隱身在茂密的蘆葦叢裡。突然之舉並沒有驚擾到附近泥灘上覓食的鷺鳥，倒是引爆了河堤外一群孩童的驚呼聲。他們簇擁著林金雄的單筒望遠鏡，熱切地探索大自然的美麗。

負責解說的林金雄，一邊用溫柔幽默的話語向孩子介紹各種鳥兒，一邊慈祥地把鳥類圖鑑捧在手心上，方便孩子學習與對照。由於小學課本中特別提及關渡平原，因此學校總喜歡找鳥會來協助進行戶外教學。身爲台北市野鳥學會的理事與資深義工，類似的工作林金雄已經做了十八年。事實上，許多市民也都是因爲受到他的「親炙」，而成爲愛鳥族的一員。

像林金雄這樣一位自然的「佈道」師，本身可是具備了二十五年的賞鳥功力。要辨識出台灣目前所記錄的四百七十多種鳥，對林金雄並不困難。因爲全世界九千三百多種鳥之中，他至少可以說出一半的名字。

也因爲對自然的喜愛，讓他決定提前至五十五歲退休，於是他有更多的時間來專注於對鳥類的研究，以及教育的推廣工作。林金雄認爲，金錢實在不需要太多，夠花就好，但是一定要把握生命，去從事一些有意義的事。雖然實際年紀尚未超過六旬，然而滿頭銀髮，加上全身旺盛精力，林金雄很容易給人「鶴髮童顏」的印象。

這股生命的活力，或許就是來自於他從不放棄自己的興趣，並且認眞地去經營。

而用心灌溉的結果，終於讓他找到生命中最美麗的花園。

儘管大學是唸文學，研究所是專研園藝。林金雄始終非常清楚自己想要的是什麼。過去他曾經在英文出版社擔任審稿與編輯的工作，也在一所知名的國際觀光飯店做過出納。然而天生懷舊易感的個性，讓他對歷史古物與自然生態充滿興趣。於是他自願上夜班，如此白天才有充裕的時間，去參與文化性與藝文性的活動，當然，還有投入他最鍾愛的賞鳥世界。

也許太過專注在興趣上，卻錯過了最重要的婚姻大事。家人擔心他，「萬事並舉，卻一事無成」。然而，林金雄倒是對自己的生活感覺到怡然自得。他將日子安排得豐富又精采，甚至帶著家人一同遊山玩水，分享他的感動。寄情於大自然，是他快樂的泉源，因爲受到山林的洗滌淨化，讓他心中充滿平靜與喜悅，他認爲這種對生命的慈愛感受，正可以彌補他沒有自組家庭所帶來的遺憾。

沒有工作的綑綁後，林金雄更能自由地到全世界各地進行「學習之旅」。他去過四十幾個國家，不只是爲了看鳥，也看當地的文化。敏銳的觀察力，讓他從門牌號碼的質材，到捷運電聯車內的拉環配置，都能帶給他許多啓示。因此，從「對細節的掌握」、「美感的品味」到「公德的堅持」，都是他極力推崇的價值。回到台灣後，他就會利用各種機會來發表心得與「牢騷」，甚至還會主動向政府公務機關「獻策」，這份強烈的關懷與熱情，讓已退休的他顯得格外忙碌。

事實上，許多喜歡與山林為伍的人，個性都非常樸實。然而，林金雄的節約愛物，卻是他生活與心靈豐富的重要因素。

走在石牌舊社區的巷弄間，當你偶然經過林金雄的公寓前，你絕對會被那萬紫千紅、綠意扶疏的窗台所吸引。那片由使君子與蒜香藤所交織的綠色垂簾，隨著四季更迭，可以欣賞到各種動人的花串，而紛紅的珊瑚藤與玲瓏的龍吐珠，配上各種盆栽與蕨類的妝點，讓你對於照顧群芳的主人，深感敬佩。更讓人驚訝的是，這片熱鬧的小小森林，原本都是被棄置於垃圾堆的流浪植物，但是她們在林金雄細心的呵護下獲得重生，並以更豔麗的顏色，來回報這份知遇之恩。

在林金雄的眼裡，看上的不是因為這些植物的美麗，而是她們都是一株株的「生命」，都是值得我們珍惜與愛護。雖然一直反對飼養寵物鳥，但是他的家中還收養了兩隻紅鸚鵡，這又是一個被棄養的例子，林金雄不希望牠們的主人把這雙外來鳥野放出去，造成環境的破壞，只好收留下來。

雖然林金雄捨得花幾十萬買遍各種鳥類的書與蒐藏品，但是逢年過節所收到的各種賀卡，他都回收重製，再把原先裝賀卡的信封套，細心反黏，不著痕跡地寄給一些親朋好友；事實上，這樣的過程往往不如重買一張來得省事，但是他覺得每一張卡片都這麼美麗，若只是使用過一次不是很可惜嗎？

這種充分利用資源，珍惜萬物的精神，是熱愛大自然的林金雄所採取的生活態度。長期浸淫在繽紛的飛羽世界，透過自然萬物所帶來的深刻感受，使得林金雄變得更謙卑誠懇，也更懂得放下一些不必要的虛名與負擔，將這份平和愉悅與許多人一起分享。生活在這片紛擾不休的土地上，林金雄早已躍過了各種你爭我奪、隨波逐流的亂象，他選擇翱翔在一片開闊的天空裡，當一位永遠不老的白頭翁。

魚鹽滿布袋

布袋人

・魚鹽滿布袋，反應布袋人的輝煌與失落。

四月的炙陽下，蒸騰的水氣浮晃在布袋鹽田上，一畦畦等待結晶的瓦盤中，濃厚的滷水裡倒映著皎白的鹽塚，酷似白雪皚皚的富士山，卻無法帶來一絲清涼的氣息。

五十九歲的蕭榮祥，黧黑憨厚的笑臉，襯托出帽簷下的一列白牙。從清晨六點起，他每天總要在鹽水裡泡上十個小時，四十年來始終如一。身爲台鹽公司的資深老鹽工，把握每一個好天氣是他最重要的事，畢竟一年最好晒鹽的時間只有正月到四月期間，五月梅雨季便要改打其他零工營生。再過三、四年，蕭榮祥就要退休了，而台灣人工收鹽的產業，也將隨著這批末代鹽工的退隱，從此走入歷史。

靠天吃飯，是這群鹽工的生活寫照，更是布袋人的集體記憶。因爲靠海、雨少等自然條件，長久以來，漁業與鹽業一直是布袋鎮最重要的生活命脈，這種靠海維生的聚落形態，是台灣西海岸鄉鎮的典型縮影。但是發展的歷程中，布袋曾走過的豐足與繁華，卻成爲在地人心中難解的鄉愁。

「魚鹽滿布袋」正見證了一段輝煌的過往，也點出了布袋人的失落。早在清朝年間，這裡就是極爲富足的魚鹽之鄉，這個位於嘉義縣西南邊的小鎮，由於港口受到沙洲包圍，並位居潟湖之內，狀似布袋，因而得名。過去受到地利之便，布袋港曾經是台灣與唐山貿易往來的重要樞紐，連橫在《台灣通史》中記載：「沿海之地，港灣多，唯布袋嘴較深，巨舟可入。」如此的條件，再加上自然資源充沛的配合下，讓布袋曾有「小上海」之稱，足見當時交易熱絡的盛況。

今天嘉義人要吃新鮮的魚貨，還是會想起布袋。六十一歲的布袋國小教師蔡茂雄指出，一直到民國五十五年左右，布袋港內還有一百多艘漁船，極盛一時。這群討海人與陸上鹽工一樣，都是「天公囝仔」，也就是倚靠大自然照顧最密切的行業。因爲在這塊「貧瘠到只有鹽會生長的土地」上，魚和鹽是生存唯一的希望，因此走進布袋內，放眼望去，不是鹽灘就是魚塭，以規律的方格建構出獨特的景象，也勾勒出布袋人樸實堅毅又帶草莽現實的性格。

這幾年來，魚群少了，連每年討海人最期待的「黑金」——烏魚潮，也芳蹤渺渺。環境的惡化、人類濫捕的壓力，都是讓大自然失衡的主要原因。除了討海人的失落外，養殖業者面對的則是產業結構的問題。布袋地方文化工作者蔡炅樵觀察：「台灣的內需市場一直沒有打開，加上走私進口的壓力，對養殖業都造成直接的影響。」

同樣面臨衝擊的鹽業，也有令人懷舊的過往。布袋廣袤無際的鹽田，早已成爲記憶時代變遷的地標。

國中畢業就進入鹽廠，年過半百的黃錦財腦中經常浮現的，是村莊內鹽廠保警追趕小偷叫罵的畫面。早年生活貧苦，「偷挑鹽」的風氣很盛，所以需要雇用大批的警力，來保障國家重要的資產。民國五〇年代，鹽廠四千名的員工中，有一千人是警察，可見需求之重。民國七〇年後，製鹽產業開始朝機械化發展，時至今日，全鹽廠剩下的人員不到百人，嚴重縮水，傳統的鹽業也跟著轉型，多元化的副產品研發，取代了勞力密集的產業形態。如今徒剩少數的瓦盤鹽田，淡淡地憑弔著人工晒鹽的軌跡。

在鹽田長大的兒女，童年記憶裡不是打泥巴戰，而是在純白如雪的鹽堆上，手捧著一顆顆粗大結晶的經驗。透過這一擔一擔的勞力收成，台灣的鹽業培養了不少優秀的下一代，就像早期的林業一樣，有著重要的時代使命與意義，而布袋所產的鹽量，曾佔全台灣鹽產量的一半，因此，來到這片融合著汗水與海水的鹽田之前，總會心懷著一份感恩與思念，望著指縫間快速穿梭的粗鹽，一如逐漸遠離的鹽灘歲月。

版圖日增的廢鹽灘裡，可以瞥見各種水鳥的身影，但是布袋人並不甘心將土地還給大自然。他們想起了在「小上海」時期的繁榮風華，於是闢建了一個新的布袋商港，爲兩岸通航預先演練。就和台灣所有的地方一樣，接踵而來的步驟，包括了公路闢建、工業區的規劃，延續著西海岸一致的開發經驗，期待重回「魚鹽滿布袋」的豐足與飽滿。

然而地方的發展，就像生命的轉折，如果不能掌握本身的特質，往往在外力的衝擊下，喪失了最美好的部份……。從小在布袋鎮好美寮長大的蘇銀添，對眾人追求的美景有一份擔憂。「開發是很好的，但是如果把原本的特色及自然環境給犧牲掉了，未來一旦發現問題想要回復，那是不可能的事……。」蘇銀添表示。

原本是文具公司的老闆，卻沒想到有一天他會為了一片紅樹林挺身而出，蘇銀添看到了西濱公路與工業區的劃設，將對這片自然寶庫造成嚴重的威脅，基於一份愛惜鄉土的情懷，蘇銀添在好美寮的紅樹林中當起了生態解說員，希望布袋人能更加珍惜與尊重自然的一切。他認為，「魚鹽滿布袋」終將成為歷史名詞，但是過去人與自然一直維持著和諧的關係，雖然產業的變革改變了我們的生活與文化內涵，但是對於一個長久以來「靠天吃飯」的子民來說，要學習如何與自然相處，還是選擇剝削自然，需要大家共同決定……。

我在想，當人類把大自然所賜的一切視為理所當然時，未來的「布袋」裡，所能承載的又是什麼呢？

一個靠海維生的鄉鎮，一份即將失落的情感與記憶……，就像所有台灣西海岸的市鎮一樣，布袋正在尋找自己的出路，除了政治人物所規劃的遠景外，這片土地的未來好像還有比經濟開發更值得思考的內涵，這個答案就有待布袋人自己去發掘了……。

樹下解惑人
裘安・貝克

兩千五百多年前，孔老夫子曾經帶著一群子弟在樹林間傳道、授業、解惑。他聚徒講學，言論思想對後世影響深遠。

裘安．貝克(JoAnn Beck)，是第一位會讓我想起孔子的人。不過，這樣的孔子居然是我漂洋過海所認識的美國婦人。她很平凡，但是許多台灣留學生都曾受惠於她的森林教育。

裘安從來沒來過台灣，二十五歲那年，我才在美國遇到裘安。她身材高大，個性開朗，兩個女兒都已經長大成人，先生傑利是一位工程師。最初認識裘安是為了練習英文，記得當時留學生最喜歡去加入由學校一個專為國際學生服務的單位OIS(Office of International Student)，所辦的會話小組（Conversation Group），對於初到異地的學子而言，這是絕佳免費練習英文的機會。

裘安偶然得知有這樣的團體，興趣十足，結果她高掛旌旗，自組了一個會話小組。奇怪的是，其他小組通常是參雜著各國人種，而裘安的小組統統是清一色的台灣人。她的成員都是台灣「正統」教育體制下的孩子，各各身經百戰，他們習慣按部就班地規劃自己的人生版圖，往往除了前途之外，其他一切視而不見。然而，裘安單純的熱情，卻影響了這些已經在唸碩士、博士的台灣學生，回頭再去彌補自己小學教育所留下的遺憾——自然環境教育。

裘安每個星期都會保留一天，完全義務性地帶著一群台灣學生，開車到紐約州附近的森林中，和我們在林間天南地北的展開對話。裘安最喜歡展示那些已回台灣的成員寫給她的信，信中除了透露對裘安與小組的懷念之外，每個人或多或少都會提到自己在台灣自然觀察的經驗。

其實裘安每次會話課的設計都很具有創造性與啓發性。有一回她帶我們去走一段自然步道，還準備一些英譯杜甫與李白的詩，要我們在樹林間朗讀。她是一位絕佳的自然解說員，她可以利用一些簡單的設計，引誘森林中的藍鵲接近我們，讓我們能一睹這些鳥類的風采。

然而，最令我懷念的是，裘安總是能利用各種機會，將人生的智慧融入自然的教學中。

記得有一次，雪城下起大雪，裘安提議去烤肉，我們都覺得她瘋了，不過還是很興奮地跟著她浩蕩上山。我們清除野餐桌上厚厚的積雪，在冰天雪地間烤起肉來，來自亞熱帶氣候的我們，都爲這樣的烤肉經驗悸動不已。還記得當時天地一片純白，四周雪花翩然起舞，裘安說：「下雪使得這個世界更寧靜，更乾淨了。」我們用白雪煮了熱湯，餐後裘安要我們把手放在炭火上烘著，一同分享這份溫度，她說：「感謝老天下了這麼一場雪，才能讓我們能緊緊地聚在一起……。」對我而言，那眞是我人生中最溫暖的一次烤肉。

現在，當我看到植物園內的赤腹松鼠時，我會想起裘安在紐約州的森林中教我認識的花栗鼠。裘安讓我開始用一種全新的角度來「認識台灣」。我發現這樣一位美國婦人，多年來一直爲我們這些台灣學子，對於過去長期缺席的自然環境教育，好好地替我們補上一課。裘安眞正教給我們的不只是對大自然的觀察方式，而是一套價值觀，那就是「分享、尊重與感謝」。

這樣價值觀的傳授是我們教育最缺乏的部份。記得有一回，我在芝山岩上碰到一群老師與國中學生，正在進行戶外教學，當我正在欣喜於台灣教育日益重視環境課程的同時，我發現這些孩子的臉上表情都是茫然冷漠，我好奇地問一位女孩，是否喜歡來芝山岩？她搖搖頭，表示這裡很無聊。那麼爲什麼在這裡？她說：「因爲陳水扁說聯考要考芝山岩。」這樣一種「功利」的動機，怎麼會引發學習的熱情呢？若不是眞正喜歡，又如何對周遭環境產生感情呢？

我想起了裘安，她提醒我們自然環境教育是多麼重要的事，在大自然中我們學習到的絕非片面的知識，而是一種人格教育。這麼多年來，裘安一直毫無代價地付出這麼多的時間心力，把一些美好的種子埋在一群台灣留學生的心中，豐富我們的生命。我想，教育眞正的目的與內涵，不正也應該是如此嗎？

提供培養愛的泥土

林燕瓊

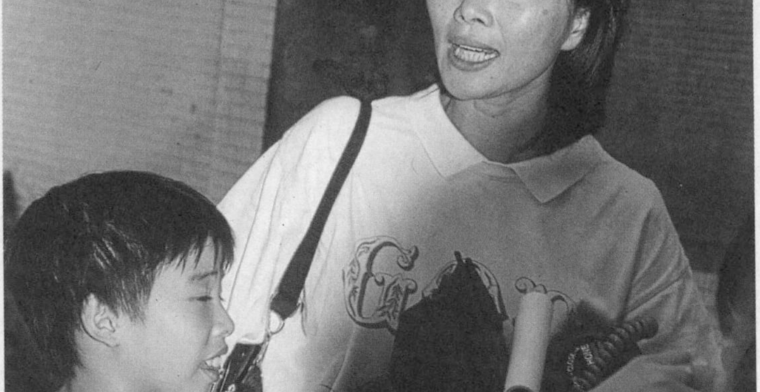

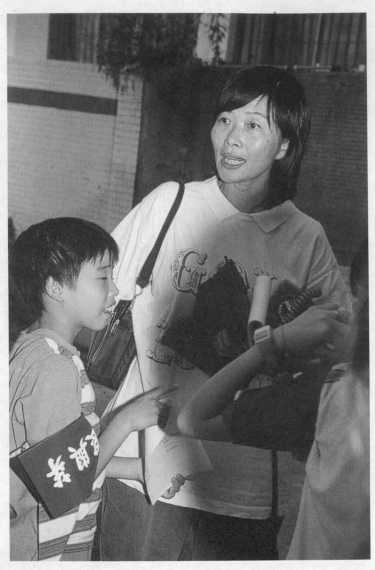

・林燕瓊指導「根與芽」小組

中午十二點半，陽光撒落整片校園，翠綠的小芽迎風展葉，自然教室中傳來陣陣童稚的笑聲。許多孩子每天等的就是這一刻，他們迫不及待地交換彼此探索的心得。有人研究校園水塘中蟾蜍孵化的狀況，有人關心門口柳樹上紅擬豹斑蝶的卵會不會被麻雀吃了，一位中年級的男孩則分享他飼養鍬形蟲的經驗談。特別的是，他們在校園環境裡挖掘題目，並主動尋找答案。而這個不計算成績的社團活動，卻是孩子們最認眞的功課。而陪伴一旁的林燕瓊，和煦的微笑則映照在每一張小臉上。

如何引導孩子在有限的校園中，去延伸無限的學習範疇，並在大自然中獲得眞善美的情操，是淡水國小教師林燕瓊對教育的期許，也是所有「根與芽」教師所追求的理想。畢業於師大美術系的林燕瓊，本身十分熱愛大自然。她曾經是主婦聯盟的綠人，也在植物園當過解說義工。三年前，她去聆聽珍古德博士談有關保育信心的演講，發現有「根與芽」這樣的教育計劃，目的是讓更多的人對環境懂得付出關心與愛心，並以行動來參與保護，覺得對孩子很有意義，因而引進校園。

這份對自然的愛，從休閒的自我進修，到教學的正式規劃，也讓林燕瓊努力地從美勞老師轉變成一位自然老師。有別於正式課目中的內容安排，「根與芽」所講求的是自發的學習。小組成員並非固定某個班級，只要小朋友有意願，就可以來參與。而對環境與自然教育理念一致的老師，就可以共同合作。他們根據孩子的興趣分成了綠化小組、生物保護小組、幼蟲小組、空污小組，讓孩子去尋找關懷的主題，然後利用晨間與午間的自習時段，來輔導孩子解決問題。「在根與芽小組裡，老師與學生就像是夥伴的關係，邀請彼此參與對方有興趣的主題。」林燕瓊解釋。

然而，在就這樣自在與開放的過程中，不但滿足了孩子對自然的好奇心，也啓發了孩子生命的潛能。林燕瓊發現，沒有一門學科能像自然教育一樣，能提供孩子這麼豐富而多元的學習空間。透過知識的累積，也連帶增強了統計與分析的能力，而美感的誘發，則讓寫作表達有更敏銳的呈現。她發現「根與芽」的孩子所寫出來詩句，不僅情感豐沛，更具想像力。

「根與芽小組的活動，主要是引導出孩子心中的愛。」林燕瓊具體的表示，如果孩子對某類學科缺乏興趣時，很容易中斷他學習的意願；但是往往對自然充滿愛的孩子，在生命的過程中，他會積極的去記錄與觀察。而「根與芽」就是要讓孩子能記憶生活中的美好事物。

「其實我們的課本跟生活，也跟自然脫節了，」林燕瓊認爲，讓孩子懂得關懷，必須從自己身邊做起。就在校長與主任的支持下，「根與芽」的孩子在校園的中庭，經營了一條蝴蝶走廊，並在兩旁種植了各種蜜源植物，希望能吸引蝴蝶的造訪。而教材園裡的水生池，則是師生合力經營的成果，除了可以觀察水生植物與動物的世界，也是孩子學習對待生命、學習愛的開始。

「珍古德當初願意投入猩猩的研究，也是源自於從小對自然的喜愛，我希望讓孩子長大之後，也會對童年生長的地方，有一份特殊的情感……。」林燕瓊娓娓道來。

對林燕瓊來說，加入「根與芽」也讓她產生了改變。由過去一個很制式化，只是講述一些知識的傳遞者，慢慢轉換成一位能提供資源，並保護孩子去做正確選擇的角色。在這樣的過程中，林燕瓊覺得自己成長很多，並對自我有很大的反省，同時，也和孩子一起學習，學生也不會因爲老師對某些事物不了解，而對他產生懷疑。

這份信任，也是受到珍古德博士的影響。正因爲珍古德對猩猩的愛與尊重，讓林燕瓊覺得自己跟學生是平等的，她相信生命是在互動當中產生價值。

「我希望成爲能夠豐饒生命的土壤，讓生命隨著時空的成熟，懂得去追尋知識及人格的完整。」林燕瓊期待自己是「培養愛的泥土」，持續供應孩子成長需要的養分。

生機盎然的校園，充滿了成長與蛻變的喜悅。這群「根與芽」的實踐者，讓孩子在大自然中找到生命的愛。而希望的種子，正在沃土中紮根展芽，並預告著大地未來的豐收……。

看海的校長

陳木城

以文學家的敏銳，陳木城校長感受到這方靠海天地的豐富自然與人文資源，以及這群靠海為生的子民後代對生長環境的陌生，於是他開始打造出一個屬於這群孩子的海洋小學

藍藍的天空，一片廣大平靜的心。

紅紅的太陽，暖暖地說著：

昨晚的夢，夢裡愛溜滑梯的星星……

——陳木城

靠海的小學，擁抱著卯澳灣內的潮起潮落，司令台上翻飛的國旗，淪陷在一片碧海藍天之中。從淡藍到湛藍，漸層的色系讓人不禁悠然失神，若不是被孩子追逐聲所驚擾，也許會把自己整天深埋其間。位於台北縣貢寮鄉三貂角半島上的福連國小，是一個適合做夢的「天涯海角」。

因爲地處台灣最東隅，這裡是全台最早看到日出的小學，也是濱海公路旁的一所迷你國小。聆聽著大彎嘴的呼喚，一踏入校園就能感受到一份自在與活潑，因爲這裡有一位充滿夢想、熱愛寫詩的校長——陳木城。

文學一直是陳木城的最愛，在他四十四歲的臉上，卻有著孩子似的純眞笑容。過去二十多年來，陳木城總共創作了上百本兒童文學作品。兩年前，曾經是森林小學創辦人之一的陳木城，選擇來此服務，因爲受不了城市大學校的壓力與擁擠，陳木城惟獨愛上了偏遠學校的單純與幽靜。來到福連後，除了過著看海的日子外，文學家的敏銳，讓他很快地觀察到這裡豐富的自然與人文資源，也有感於這群靠海爲生的子民後代，對自己生長環境的陌生，於是他開始打造出一個屬於這群孩子的「海洋」小學。

透過小巧的教室窗台望去，浪花拍岸的景致是孩子共同的記憶。如何框住這份感動，尋求人與海洋的情感，是校長辦學的基本理念。

爲了讓孩子能親近海，陳木城打掉了學校的圍牆，讓學校的操場能和海邊的礁岩融合成一片。有人笑稱，在校園內拋甩竿就能海釣了。但也有人擔憂這樣的做法，會對孩童的安全造成威脅。然而陳木城認爲：「這群孩子從小就是生活在海邊，他們早已經習慣如何與海洋相處。」就是因爲這份開放與自由，不但擴充了孩子活動的範圍，也讓教室的界限能向外延伸，把周遭的環境納入教學的內涵中。

有一個兒童文學作家的校長，學校是否特別注重文學的教育呢？其實不然，因爲陳木城相信，找到學校環境的特色與孩子的需要是更重要的事。

於是他結合老師的力量，開始進行各種文史踏查，以及海濱自然資源的研究，他發現原來附近的卯澳漁村，已經有兩百多年的歷史。然而隨著社會的變遷，小漁港逐漸凋零，村中的年輕人紛紛擁入城市，留下來的只有老人與孩子。

事實上，人口流失也反應在學校內。這所曾經走過七十六個寒暑的小學，極盛時校內有三百位小朋友就讀，如今卻只剩下三十名，嚴重縮水。和許多偏遠的小學一樣，這裡的孩子大多是出自單親家庭，或是和祖父母同住，有著隔代教養的問題。陳木城說，對於這裡的孩子而言，學校要幫助他們的是一種生活快樂的能力，以及建立自信心的方法。

認識環境正是第一步。伴隨孩子成長的卯澳漁村內，仍保存著許多傳統聚落，古樸的石屋上記載著歲月的痕跡。偶爾在窄巷間穿梭而過的老嫗，那馱著沈重蜈蚣菜的身影，一幕幕映在陳木城的眼底，都是十分動人的畫面。

而環繞在校園四周的濱海植物，從嫩黃的石板菜，到粉紅的濱排草，各種造型互異，深濃淺淡的萬象世界，都是不容錯過的教學重點。

爲了捕捉這份充滿自然與人文的美感，陳木城邀請了十多位著名的畫家，讓他們帶著孩子，用彩筆來描繪故鄉的美麗，就在幾筆勾勒間，建構出在地子民對鄉土的依戀。爲了更進一步來帶動地方的生命力，陳木城計劃在七月底，也就是卯澳村一年一度的廟會節慶中，和地方士紳共同合辦「卯澳美展」。藉著這次聚會，讓一些離鄉遊子能用不同的角度，重新認識自己生長的地方，並透過這份了解與認同，找回卯澳人的自信與驕傲。

作爲地方資源的中心角色，在繁雜的行政工作之外，陳木城從未忘情於創作。喜歡寫故事的他，更喜歡聽故事。來到了這所靠海的小學後，他發現有著寫不完的故事。陳木城認爲，眞正一個好的作家，應該是一個認眞生活的人。若是對環境的一切視而不見，聽而不聞，又怎麼能認眞生活呢？而從事自然與人文的調查工作，讓他的創作充滿著靈感，而這份豐富與敏銳的感受力，正是他希望傳達給孩子最寶貴的一課。

於是，他積極地把一些口述歷史與自然界的花花草草記錄下來，並編成鄉土教材。陳木城有感而發地說：「人不讀歷史，永遠是個孩子。」每一個人不但要認識自己土地的歷史，他更希望，每一個人都能喜歡自己所住的地方。

藍藍的天空，一片廣大平靜的心。靠海的小學，有一位看海的校長——在激越的浪花中，一個色彩繽紛的夢正卓然形成。面對著環境的失落，陳木城仍相信人與土地間所存在的感動。他帶著孩子認識自然，更認識自己。但願這些環境的小種子，能順著劃過天際的溜滑梯，爲大地植入更多充滿希望的小苗。

蒐藏自然感動的人

廖東坤

多年來進出於山林田野間，看似過客的他，從不錯過身邊的風景。儘管他常想起那泅泳在困境中的魚，卻無法抽離烙在心頭上的憂鬱印記。自從那年賀伯颱風過境，廖東坤決定傾瀉記憶中對這條魚的蒐藏，而在一幕幕停格畫面的背後，一份對自然感動與感傷的情緒正等待著被釋放。

第一次認識廖東坤，是在三年前第一屆永續台灣報導獎的頒獎典禮上，當時他以〈櫻花鉤吻鮭——馬蘇的旅程〉獲得了文字報導獎。當時就對這位略帶沈鬱氣質並蓄留一頭濃密長髮，又自稱是「社會逃兵」的他印象深刻。

其實，廖東坤從來沒有逃過。面對深愛的大自然，他的行囊中滿載著與這片土地緊密結合的作品。從對櫻花鉤吻鮭的報導文學、「玉山飛羽」的紀錄影片、「野地繽紛」的花間心情、到「我的海洋」的聲音寫眞，每篇文章，每幅照片，和每次的出手，都代表著他與自然相遇的軌跡。然而，這條自闢的路徑，也曾倉皇出發。一開始，廖東坤只想逃離現代社會物質文明對人產生的桎梏與扭曲。而這樣的叛離，卻引領他進入生命最美麗的窗口。

「和大自然接觸，就像是開了我心中的一扇窗。」廖東坤認爲，每個人心裡都有許多扇窗口，也許需要一些機緣，來觸動那被遺忘的角落，並以全新的視野來看待這個世界。

廖東坤說，拍照寫作不是爲別人，而是自我情感的抒發。敏銳的心思加上豐富的自然知識，讓廖東坤對自然萬物有著強烈的呼應力。他認爲自己是一個善於蒐藏感動的人，而由各種蟲魚花草所構成的萬象繽紛，也讓他樂在其中。他說：「能接觸到台灣的自然生態，眞的是一件非常幸福的事。」

與自然結緣，要推到民國七十六年，他進入了林業試驗所的種子標本館。當時正逢各個國家公園的成立，許多森林保留地也跟著開放。廖東坤所從事的資源調查與種子採集的工作，正好讓他有更多機會深入到人跡罕至的地方，而未經破壞的森林原貌，也讓廖東坤驚艷不已。

因爲工作使然，他時常要進出武陵地區，也因此這裡就成爲廖東坤從事田野調查時的重要驛站。多年來，他看著眾多專家在此來來去去，許多研究論文與紛紛擾擾，都源自於這裡的國寶魚——櫻花鉤吻鮭。但是，這位保育明星最後仍然脫離不了悲慘的命運。賀伯颱風的狂肆凌虐之後，他眼見森林的崩塌所帶來的土石洪流，讓這些正負著傳承使命的鮭魚，陷入了無可挽回的險逆，甚至被下游居民捕獲烹食。鮭魚未盡願望的遺憾，卻在廖東坤的心中孕育成一篇深刻的報導，他藉著馬蘇的旅程，作爲憑弔人類扼殺環境的有力見證。

而櫻花鉤吻鮭的故事，似乎也在提醒著我們，保育絕非個別物種的復育，而是整個生態系的重建工作。因此，所有的生物，都有它需要被重視的理由，廖東坤相信，維持生物多樣性，才是這片土地的希望。

這樣的信念，讓他在自然生態的領域裡，成爲一位全方位的記錄者。他說：「想想看，在與台灣同緯度的國家裡，大部分是不毛之地，只有台灣是一片綠意。這裡的物種類型囊括了從日本、菲律賓，到喜馬拉雅山區的範圍，眞的是非常豐富。」目前他正計劃拍攝冠羽畫眉的生態影片，並希望能將福山這個低海拔的闊葉林生態系作更有系統的整理。爲了要讓更多的人能分享自然動人的面貌，他將一些複雜的科學知識，透過文學的媒介與美感的潤澤，提供出一片與自然萬物對話的空間。

獨具影像思考的他，幾乎把所有的金錢投入在攝影器材上，有時獨自躲在僞裝帳中拍鳥時，想到眞實生活的經濟窘況，也不免有些掙扎。然而，十多年的歲月，他一路走來，始終如一。他說：「我們常不知自己的界限在那裡，不試試看，怎能知道自己有多大的可能。」

走進野地，偶爾不免辛苦孤單，但是對廖東坤來說，卻處處藏著驚喜。他爲自己的選擇付出勇氣與信心，在此過程中，透過蒐集自然的感動，不但豐富生命的內涵，並找到最眞實的自我。

散播希望、散播愛——專訪珍古德博士

・珍古德博士接受「自然筆記」節目專訪

Q：古德博士，眾人皆知您在動物行爲學上的貢獻，然而我們也知道一個有關環境教育的組織，稱作：「根與芽」。可不可以告訴我們什麼是「根與芽」？你爲何會從動物學的研究，擴展到環境教育上的關注？

A：我們的世界正因爲土地大量需求而加速破壞，長久以來人類伐木傷害森林，不只造成猿猴棲地喪失，也傷及各種生活在其中的生命。我在想，到底在我過去六十多年的歲月中有多少美麗的森林喪失了，我不希望自己的子孫，會繼續失去更多美麗的地方，所以我成立了「根與芽」。這個計劃，就是要帶給全世界年輕的一代「希望」，讓他們能爲美好的未來而努力。而這個名詞本身就充滿著象徵性。因爲小芽看似嬌小而脆弱，但是爲了吸收陽光，她們可以穿破種種藩籬。所有的孩子就像是這些萌發的小芽，可以爲世界帶來希望。任何參與「根與芽」的團體都要符合三個目標，分別是：關心環境，關心社區、關心動物。當我看到這些年輕的一代，對環境破壞充滿擔憂與關懷，這對我來說是充滿鼓勵的。我們要讓孩子先要清楚了解環境問題的癥結，然後要持續努力，不輕易放棄。再加上「愛與關懷」，在這幾個條件的配合下，最重要的就是要讓他們能「尊重生命」。這其實也就是「根與芽」的基本哲學。我們希望每個孩子都能了解，每個人都可以讓世界不同，每個人都可以讓生命的每一天不同。假如我們都爲自己的信念而活，也就是尊重我們的環境與社會，這將會帶來巨大的改變。

Q：我們知道環境議題是跨國界的，而「根與芽」也是全球性的組織。可否告訴我們「根與芽」的孩子是如何針對環境議題來互相合作？

A：目前有五十個國家加入了「根與芽」的計劃，而且還在持續增加中。當孩子與其他國家同年紀的孩子分享他們對於環境的看法，他們可能會第一次發現原來發生在他們國家周遭地區的環境問題與自己國家所遭受的問題，其原因都是十分相似，這會讓他們更積極的去保護環境。我們要讓孩子了解自己是地球村的一員，我們面對的問題也是一致的，我相信這些年輕人能夠想出比我們更好的解決問題的方式。而最近「根與芽」小組，剛在德國舉行了第二次的國際高峰會議，有來自十個國家的二十位學生，包括了坦尚尼亞，台灣、中國、日本、美國、歐洲許多國家。令人驚訝的是十七、八歲的孩子聚在一起討論國際的問題，眞的發人深省。

Q：我曾讀過您的自傳，我知道當您第一次去非洲進行黑猩猩研究時，是由母親陪同前去。可否告訴我們，您的母親對於您喜歡探索自然是否有其影響？

A：我媽媽眞的很了不起。她也是我這六十多年來最好的朋友。她本身也是自然的熱愛者，而她更鼓勵我去愛自然，她也幫助我去尋找有關研究動物的書籍。記得有一次，當我還是四歲的時候，有一天我失蹤了，當時我們家後院有一個農舍，我那時的工作是幫忙撿雞蛋，但是我很好奇這些母雞哪來這樣大的洞來生蛋，於是我躲在雞舍的草堆中觀察，一躲就是四小時，把我媽急壞了，她甚至叫了警察。但忽然間，她看到一個滿臉興奮的孩子衝進屋內，你知道，大部分的母親一定會把孩子一把抓住地問：「你跑到什麼地方去了？」但是我媽則望著我瞪大著眼睛分享這個很棒的故事。所以當我十一歲時，我讀到泰山的書，那時我很忌妒泰山的太太，她也叫做「珍」，我希望將來長大能到非洲和動物生活在一起，爲牠們寫書。在當時非洲還被稱作黑暗大陸，當然所有的人都反對我這個夢想，只有我媽她對我說：「珍，如果你眞的想要什麼，你只要努力去做，把握機會，而且絕不放棄，那麼你就有辦法來獲得。」這便促使我後來有更大的行動力去追求自己的夢想。

Q：作爲一位老師或是母親，我們該如何引導孩子喜歡自然，尊重生命呢？

A：我想最重要的就是要多鼓勵孩子接觸自然。父母本身也要以身作則，對自然很尊重。也許有一些父母不喜歡動物，但至少不要干擾孩子對動物的愛。另外就是要多提供孩子好書，當然也要多帶孩子走向戶外，而不是讓他們整天坐在電視機前面。另外，我們對於提供給孩子的訊息要很小心。比如把兔子養在籠子是尊重生命嗎？我們是否有給牠們足夠的自由呢？我們要讓孩子了解牠們是有生命的，我們並不能擁有牠，而是要能跟牠們分享我們的家。我知道台灣有人喜歡養紅毛猩猩，剛開始你喜歡爲牠們穿上人類的衣服，看起來似乎很可愛，但是當牠們長到六、七歲時，牠們的力量比人類還要大好幾倍，而且牠們也不願意當人類的孩子，但是牠們已經失去了野地求生的本領，這些紅毛猩猩是可以活到六十歲以上的，你能想像牠的餘生如何呢？這實在是一場悲劇。紅毛猩猩是屬於野外的，應該回到大自然。

Q：談到野生動物，古德博士，四十年的黑猩猩研究，是否讓你用不同的眼光來看待人類呢？

A：從事黑猩猩的研究，讓我們不得不承認人類並非無一有個性的動物，也並非唯一有解決問題能力的動物，我們也不是唯一會高興、悲傷，甚至有愛與利他行爲的動物。人類與黑猩猩相差幾稀也，都是一些西方科學家與宗教家，刻意將牠們與我們之間畫出明顯的界限，了解這一點，我們才能尊重其他生命。

Q：我們都知道您一直很熱衷於對動物的保護，然而有些人住在都市，但是沒有機會接近野生動物，卻希望能關懷動物，他們能爲動物做些什麼呢？

A：首先，如果是針對學校教育來看，可以在校園中飼養一些小型的動物，讓小朋友接近牠們觀察牠們。另外就是帶著孩子走向戶外，接近自然。即使是在城市裡面，你也可以觀察像是鴿子，還有那些透過水泥牆冒出的小芽，這些都可以當作學校功課很好的題目。有很多美國學校紛紛把水泥圍牆去掉，讓自然回來。我們也可以讓城市綠化，只要在許多地方用心經營，都會讓整個環境產生很大的改變。事實上，我們對自然生活都有心靈上的渴望。

Q：身爲一位知名的動物學家，我知道您一定非常忙碌。但是我很好奇到底您一年有多少時間是在世界各地旅行？是什麼樣的原因讓您願意過著如此忙碌的生活呢？

A：我眞的是很忙，一年中大概有三百多天都在世界各地旅行。我自己目前的研究已經結束了，不過我還有許多學生繼續待在坦尙尼亞的岡貝地區研究，我則協助募款，好讓研究能持續進行。我之所以會有力量來過這種忙碌到可笑的日子，是因爲我對保護仍然存在的一切還懷抱著熱情與使命。身爲這個世代的一分子，我爲我們這一代所犯過的錯誤感到罪惡感，我希望後代子孫不要再承受這樣的傷害。我自己有三個孫子，兩個孫姪子，我非常關心他們。所以我把「希望」的訊息，散播給世界各地的孩子。因爲沒有希望，就沒有未來。

Q：對於未來，你眞的看到了希望了嗎？

A：想想看，我們能登上月球，還有網際網路，我們做到了在一百年前想都沒想到的事。雖然今天終於看到了我們的問題，但是我們也開始發現能解決問題的方式，比如取代核能電源的替代方案。另外，當我們看到那些被人破壞殆盡的土地，只要給予它足夠的時間，它將可以回復成美麗的森林。而動物方面，很多絕跡的動物也可能再現，比如台灣的梅花鹿，便是復育有成的例子。而我也看到世界上有很多不放棄的人，他們總是試圖找出解決問題的方式，他們有的是老師，有的是父母，他們分布在全世界，我在他們的身上受到很大的啓示。最後，那些來自於年輕人的熱情，當他們知道問題時，並會採取行動來解決，所以「根與芽」就是未來的希望。因此，我走訪世界各地，爲世界和平繼續散播希望的種子。

自然公園55

與自然相遇的人

著　者　范欽慧
文字編輯　林美蘭、蘇明娟
美術編輯　柳惠芬
內頁繪圖　柳惠芬
校　對　蘇明娟、林美蘭、范欽慧

發行人　陳銘民
發行所　晨星出版有限公司
台中市407工業區30路1號
TEL:(04)23595820　FAX:(04)23597123
E-mail:morning@tcts.seed.net.tw
http://www.morning-star.com.tw
郵政劃撥：22326758
行政院新聞局局版台業字第2500號
法律顧問　甘龍強律師
製作　知文企業（股）公司　(04)23581803
初版　西元2001年12月30日

總經銷　知己有限公司
〈台北公司〉台北市羅斯福路二段79號4F之9
TEL:(02)3672044　FAX:(02)3635741
〈台中公司〉台中市工業區30路1號
TEL:(04)23595819　FAX:(04)23597123

定價200元
（缺頁或破損的書，請寄回更換）
ISBN 957-455-101-6
Published by Morning Star Publishing Inc.
Printed in Taiwan

國家圖書館出版品預行編目資料

與自然相遇的人／范欽慧著. ——初版. ——臺中市：晨星發行；民90

面；　　公分. ——（自然公園55；）

ISBN 957-455-101-6(平裝)

367　　　　90019259

◆讀者回函卡◆

讀者資料：

姓名：________________ 性別：□ 男 □ 女

生日： ／ ／ 身分證字號：________________

地址：□□□________________________________

聯絡電話： （公司） （家中）

E-mail ________________________________

職業：□ 學生 □ 教師 □ 內勤職員 □ 家庭主婦
□ SOHO族 □ 企業主管 □ 服務業 □ 製造業
□ 醫藥護理 □ 軍警 □ 資訊業 □ 銷售業務
□ 其他________________

購買書名：__與自然相遇的人________________________

您從哪裡得知本書： □ 書店 □ 報紙廣告 □ 雜誌廣告 □ 親友介紹
□ 海報 □ 廣播 □ 其他：________________

您對本書評價： （請填代號 1. 非常滿意 2. 滿意 3. 尚可 4. 再改進）

封面設計________ 版面編排________ 內容________ 文／譯筆________

您的閱讀嗜好：

□ 哲學 □ 心理學 □ 宗教 □ 自然生態 □ 流行趨勢 □ 醫療保健
□ 財經企管 □ 史地 □ 傳記 □ 文學 □ 散文 □ 原住民
□ 小說 □ 親子叢書 □ 休閒旅遊 □ 其他________________

信用卡訂購單（要購書的讀者請填以下資料）

書　　　名	數　量	金　額	書　　　名	數　量	金　額

□VISA □JCB □萬事達卡 □運通卡 □聯合信用卡

- 卡號：________________ ●信用卡有效期限：______年______月
- 訂購總金額：____________元 ●身分證字號：________________
- 持卡人簽名：________________（與信用卡簽名同）
- 訂購日期：______年______月______日

填妥本單請直接郵寄回本社或傳真(04) 23597123

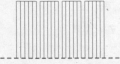